U0453657

# 如果不能改变世界，那就改变自己

漠风 ———— 著

民主与建设出版社
·北京·

©民主与建设出版社，2024

**图书在版编目(CIP) 数据**

如果不能改变世界，那就改变自己 / 漠风著. -- 北京：民主与建设出版社，2016.8（2024.6重印）

ISBN 978-7-5139-1228-0

Ⅰ.①如… Ⅱ.①漠… Ⅲ.①人生哲学－青年读物

Ⅳ.①B821-49

中国版本图书馆CIP数据核字（2016）第180102号

**如果不能改变世界，那就改变自己**

RU GUO BU NENG GAI BIAN SHI JIE ，NA JIU GAI BIAN ZH JI

| | | |
|---|---|---|
| **著　　者** | 漠　风 | |
| **责任编辑** | 刘树民 | |
| **出版发行** | 民主与建设出版社有限责任公司 | |
| **电　　话** | （010）59417747　59419778 | |
| **社　　址** | 北京市海淀区西三环中路10号望海楼E座7层 | |
| **邮　　编** | 100142 | |
| **印　　刷** | 三河市同力彩印有限公司 | |
| **版　　次** | 2016年11月第1版 | |
| **印　　次** | 2024年6月第3次印刷 | |
| **开　　本** | 880mm×1230mm　1/32 | |
| **印　　张** | 6 | |
| **字　　数** | 180千字 | |
| **书　　号** | ISBN 978-7-5139-1228-0 | |
| **定　　价** | 48.00 元 | |

注：如有印、装质量问题，请与出版社联系。

# CONTENTS 目录

# 第二辑 绝路背后是光明

# 第三辑 选择自己的人生

## 第四辑　自己给的幸福

# 第五辑 用用淡定这味药

# 第六辑　风景就在那儿

# 坚持
## 让梦想花开

*1*

梦想给你绘就了一张人生地图，
只要敢于尝试和坚持，
不放弃，
即便梦想再遥远，
也总会有到达的一天。

# 位置的重要

上师范的时候，我们每学期都开设舞蹈课。经过一段时间的观察，大家都发现，舞蹈老师每堂课都会让第一排的同学站到前面，给同学们做示范，顺便纠正一些错误动作。所以，第一排就成了最"糟糕"的位置。因为大家都不专业，动作经常会做的不规范，会惹来同学们的哄笑。当众出糗的事发生过几回，同学们都开始躲开第一排，往后面站。

我从小动作协调能力就差，学舞蹈更是吃力。但新学期开始后，我没有站到后面，而是站在第一排离老师最近的位置。果然，舞蹈老师每次都会让我到前面跳。为了能够在同学老师面前展示最好的自己，我开始苦练舞蹈基本功。我还利用星期天的时候去找舞蹈老师辅导。经过一段时间的努力，我的动作协调能力提高了不少。上舞蹈课的时候，我非常用心，认真学习每一个动作。很快，我找到了状态。

其实，很多事一旦入了门，并不像想象的那么难。就这样，因为第一排的位置的关系，我喜欢上了舞蹈，而且跳得还不错。工作后，我先是在小学任教，因为有舞蹈特长，孩子们都很喜欢我，我的工作也很顺利。

因为工作突出，领导把我调到中学工作。当时几个岗位任我选择，我没有丝毫犹豫，选择了最累最苦的班主任工作。我觉得自己年轻，多做些工作是一种磨砺，也能够让自己迅速成长起来。和我一同调来的几个同事却选择了比较清闲的工作，他们说等工作环境熟悉了再挑重担。

我的工作任务中，压力大，需要高度的责任心。我深深知道，在这样一个位置上，容不得我半点马虎。我埋下头来，虚心向老教师求教，刻苦钻研业务。领导们都夸我有事业心，学生们也被我的敬业精神感动了。一个学期以后，我的工作成绩突出，从众多新调来的同事中脱颖而出。而且，这些工作经历带给我丰富的经验，让我在以后的工作道路上得心应手。我认为，是我当初选了一个重要的位置，才给自己的奠定了基础。

位置很重要，基础能够决定人生的走向。英国首相撒切尔夫人小时候，父亲教育她：永远坐在最前排。无论在什么时候，都要尽自己最大努力坐在最前排。所以她一直都是所在群体里最优秀的。她身上的高贵脱俗的气质，自信优雅的笑容，使她拥有了持久的个人魅力。

生活中，总会有一些位置让我们选择。那些位置，远远近近，各不相同。但是，总会有一个位置，离成功最近。选择离成功最近的位置，便可以摘到你梦想中的成功之花。

# 无用和有用

那年，刚大学毕业的他在一家销售公司做业务员，整天奔波在大街小巷推销产品。

他读书时的理想是做编辑或记者，他觉得自己上学所学的都做了无用功，没上过大学的人也可以去推销产品啊，不知道这样的生活何时才有个尽头。直到有一天，一位老人的话语给了他莫大的启示，他才对这种认识产生了转变。

那天下午，拜访完一家客户在一个广场休息，他见到一位鹤发童颜的老人拿着一米多长的毛笔蘸着水写字，字迹不一会就随着水的蒸发消失了。围观的人都赞叹老人的书法好，真是可惜了。他也深有同感。

老人休息时，他和老人聊天得知老人是一位书法家。他对老人说，这么好的字真可惜了，你这是在做无用功啊，写在纸上多好啊，估计得卖好多钱呢。

"每天出来蘸着水写写字，呼吸呼吸新鲜空气，锻炼锻炼身体，怡养了性情，还练习了毛笔字，怎么能说这是做无用功呢？"老人笑呵呵地对他说。

了解了他的情况后，老人对他说："年轻人要把自己的经历当作人生的一份财富。多积累经验，多提高能力，不要计较一时的得失。年轻人，慢慢来，脚下有路，只要走，总会走得到的。"

离开后，他仔细咀嚼老人的话，觉得十分有道理，无用也是有用，无用也有大用啊，人生需要坚持，坚持总要付出代价。爱好写作的他一边工作一边参加了汉语文学本科的自学考试。在跑业务的过程中，他积累很多写作素材。他把这些素材写成许多文章还发表了。因为不错的文笔，他被公司调到办公室做文字工作。再后来，他有机会进入了一家杂志社，虽然薪水不高，但他很热爱这份工作，也有了宽裕的时间看文章读书写作。他写了很多文章，其中没发表的也有不少，他就当作锻炼自己的文笔。在杂志社工作的几年里，他发表的文章也逐渐多了起来，而稿费几乎和薪水相当。多年后，凭借不错的文笔，他进入了一家报社做编辑工作，实现了他当初的梦想。

在我们的人生旅途中，出过的力，流下的汗，滴下的血，真的从来没有白费过。昨天和今天的努力，也许不能及时得到回报，可是，它磨炼了你的毅力，充实了你的生活，丰富了你的人生，难道说这不是无用之大用吗？

生活中，急功近利的人太多了。当然，谁不想种瓜得瓜，种豆得豆？可是，当我们的努力得不到收获时，不必怨天尤人，无须丧失进取心。请相信，这世上有一种无用叫有用，它将会给我们以后的人生打下更坚实的基础，它将会使我们的未来的人生道路上越走越宽广，越来越充满花明晴光。

# 选择一条曲线

前几天，接到一个高中死党打来的电话，告知我她此刻正在大学里学习自己心仪的服装设计课程。

恭喜你终于实现了自己的理想了，接下来你想做什么呢？在祝福他的同时我问道。

奔向下一个理想，进军时尚服装界。她笑着说。

两点之间，曲线最短。这是她对现实与理想的理解，也是她QQ上的个性签名。

她从小就迷恋设计，并暗下决心将来要成为一名出色的服装设计师。高考那年，她以优秀的成绩被一所重点大学的设计专业录取了，但是由于她的家境十分贫寒，家里支付不起昂贵的学习费用。无奈之下，她做出了一个惊人的决定，辍学，从摆地摊卖衣服开始自学。

在送我上大学时，她说，在实现我的理想与现实之间，我没有直线可以走，那么我只好走曲线了。

她坚信，通过自学和磨炼，自己一定会离理想越来越近。在摆地摊时，她每个月都会休摊几天到各个城市里穿梭，站在街头巷尾拍下她认为出奇的衣服，回来后研究和进行模仿设计。起初的一两年，她都 将摆地摊挣来的钱都花在了追求奇装异服上，在她的出租屋里，我看到了一本本被翻得很烂的杂志，看到了一件件用布匹剪成的样品，看到了报纸做出来的衣服。看着她折腾了几年还是穷光蛋一个，她的家人不止一次劝她安分做生意或者找个老实稳重的人嫁了，不要再去追求什么理想。但是她摇摇头，执着地设计与修改，终于在我大三那年，她设计出第一件在当地卖得很火的衣服，而她的设计天赋似乎一下子被激发出来，成了香饽饽的卖主。周围的店铺都要求从她这里进货，她成了一个大忙人，在工厂和店铺之间来回跑。直到接到电话的这一刻，我才明白她为什么顶着炎炎烈日在街上奔波，为什么将好不容易赚到的钱花在路上。

挂了电话后，我对她的选择满是敬佩，对自己的选择充满了迷茫和担忧。与她相比，我发现工作后的自己成了没有理想的人。高考之前我将上大学定成我的终极理想，于是选择了一个自己并不怎么喜欢的专业去读。毕业工作后，我每天按部就班地上下班，除了偶尔抱怨工作，抱怨生活，全然没有追求理想的那股冲劲。

现实与理想之间，没有跨不去的障碍，而仅仅是人的心态和选择的路线问题而已。理想，有时就是山顶的风景，没有直通的路，就需要绕路或者架设天梯；有时就像彼岸花，没有渡船，没有桥，那就需要淌过去；有时就像旅游的目的地，只有转车才能更省钱省力省时间。在生活中，很多时候都是曲线最短，诸如我们在选择就业时，再选择薪水时，不妨选择曲线的道理，或许生活会更好，烦恼会更少。

# 砧板上的飞翔

　　25岁的他，好不容易才在保险公司谋到了一个职位，开始满腔热忱地投入到工作中。他比任何人都勤奋，每天出去跑业务，不厌其烦地给人讲解，但由于资历尚浅，毫无经验，一连几天业绩都是零蛋。看到别人都能拉到业务，他唯有怅然哀叹。

　　这天，他无意中走进坐落于京城郊外的一家寺庙，受到了该寺住持的热情招呼。他看对方毫无拒人之意，紧绷的神经骤然放松下来，待宾主刚落座，他便开始滔滔不绝地讲解投保对寺庙的好处。这位住持高僧似乎很是配合，一直在聚精会神地倾听。当时的气氛之佳，让他不期然地萌生一份欣喜：这一趟没白来，缔约必成。

　　但是做梦也没想到，从头到尾一声不吭的高僧，冷不防竟抛出一句话来，犹如当头棒喝，唬得他愣住了大半天。高僧说：人呀！还是要在初次晤面之时，就具备一种强烈吸引对方的东西，否则，你的将来就没什么发展可言。

　　这句话，一下子把他的美梦击得粉碎。说实话，起初他并不明白高僧话里的意思，他只是觉得尴尬，继而有些恼怒。但他当时完全被对方凛然不可冒犯的气场给震慑住了，一时目瞪口呆。

　　你得把自己塑造成一个令人信服的人，高僧用平静的口吻为他指点迷津，首先，你要洞悉自己。

　　听了高僧的一番教诲，小伙子从此每天黄昏都来到禅堂席地而坐，开始做"凝视自己"的功课。第二天清晨四时即起，拿起扫帚主动打扫该寺庙宽广的庭院。仔细想来，以前他对自己的确是所知无多，以"一只眼"

看自己，偶亦有之；但是睁大双眼对自己"定睛而视"，则从来没有。以前每天早晨睁开眼，他匆忙得连早点也顾不上吃，便开始四处奔波寻找客户，往往辗转奔忙了大半日，除了徒增浑身疲惫，总是一无所获；而静下心来好好谋划一下工作安排和方式方法，则从来没有。

这天，当小伙子特意找到高僧，准备向他道谢时，高僧再次点拨于他：其实，要洞悉自己，还可以向别人请教。

向别人请教？小伙子一时没听明白，我总不能逢人便问起这种事呀！

高僧说：你见过放在切菜板上任人切割的蔬菜吗？一把放在切菜板上的蔬菜，是可以任人取短挑长、剁块切丝的，只有过了这一关，它才能成为下锅烹炒的美味食材。其实人也一样，要有把自己放在切菜板上的勇气和胆量，也就是说，要有将自己全部交付出去、任凭他人评头论足的心胸和肚量。你可以邀请过去与你成交的那些投保者，大家集于一堂，在那样的场合请他们教你该如何去做事。

一席话，令小伙子豁然顿悟。他邀请来所有的投保客户，在首次"批评大会"上，顾客们对"躺在切菜板上"的他，毫不留情地任意"砍剁宰割"、肆意批评：

——你太急躁。每次领会得太快，且自以为是地立刻付诸行动，这就容易招致失败。你要冷静地听别人说完话，彻底了解之后再行动。

——你要成为能够清楚地说出"是"或"不"的人。现在的你，是受人之托就说不出"不"的人，此一缺点必纠正过来。一旦答应的事无法践行，就等于背叛了对方的信赖，你的信用将因此一落千丈。

——人与人之间不能有太现实的外交手腕，那种只顾一己之利的行为，别人一眼就能察知。凡事以诚直为要，这是与好印象、信赖相通之路。

此类评语若要一一列出，可谓不胜枚举，却让他受益匪浅。小伙子名叫原一平，这样的"批评大会"，他每月准时召开一次，且持续了五年之久。而后，他把这项工作交给征信社继续进行。也就是说，他请征信社来调查自己：我原一平到底是怎样的一个人？别人对我有何意见、批评，或说什么坏话？他彻底咬住自己不放，这项与自己宣战的工作，被原一平先生坚持了一生。他25岁进入"明治保险公司"，到30岁时就创下了全国第一的招揽业绩，从此以后，他屡创令人惊异的记录，43岁起一直保持了15年的冠军，成为日本第一位扬名国际的保险大王，人称"推销之神"。

把自己放在切菜板上，唯有如此才能认清自己，从而成为牢牢掌握自己、支配自己的人；才能从陈腐中脱胎换骨，为塑造有大作为的自己，迈出坚实的第一步。

# 只追前一名的智慧

新学年开始，我再次担任了初二班的班主任。时间不长，就发现教室后排一个不起眼的角落里，安静地坐着一个女生，上课时只是静静地听课，默默地完成作业，但从不发言。课余时间也是一个人静静地坐着，从不和同学们交往。考试成绩一直位居中等偏后，虽不尽如人意，但确实找不到能够批评她的理由。

这天上早读课，我专门将她叫出来，想了解一下她的情况，我讲了半天，她却不愿多说一句话，最多只是"嗯"上几声，从只言片语中，我了解到，她的父母离异，跟着母亲生活，家庭经济条件不好，性格内向自卑，根本不愿和外人交流。看着她没说几句，已泪眼婆娑。

过了几天，我再次叫她出来，这次，我只是静静地给她讲了这样一个故事：

有一个女孩，小时候身体十分纤弱，体育课上，每次跑步都落在最后，这让好胜心极强的她感到非常沮丧，甚至害怕上体育课。

这时，小女孩的妈妈安慰她："没关系的，你个子小，可以跑在最后。不过，孩子你记住，下一次，你的目标就是：只追前一名。"

小女孩点了点头，记住了妈妈的话。再跑步时，她就奋力追赶她前面的同学。结果从倒数第一名，到倒数第二、第三、第四……一个学期还没结束，她的跑步成绩已达到中游水平，而且也慢慢地喜欢上了体育课。

接下来，妈妈把"只追前一名"的理念，慢慢地转移到她的学习中，"如果每次考试都超过一个同学的话，那你就非常了不起啦！"

就这样，在妈妈引导教育下，这个女孩2001年居然在从北京大学毕业，被哈佛大学以全额奖学金录取，成为当年哈佛教育学院发录取的唯一一名中国应届本科毕业生。

其后，她在哈佛大学攻读硕士、博士学位。读博期间，她当选为有11个研究生院、1.3万名研究生的哈佛大学研究生总会主席。这是哈佛大学370年历史上第一位中国籍学生出任该职位，引起了巨大轰动。

她的名字叫朱成。

我给她讲完这个故事，没有多说什么话。

过了几天，我惊奇地发现，她居然开始在我的语文课上，抬起头看着我，我便给了她一个灿烂的微笑。后来的日子里，她依旧如同一株百合安安静静，但成绩却有较大的提高。

又过了一段时间，在她的一篇作文里，她这样写道：只追前一名，改变我对学习的态度，改变了我对人生的态度，它是一粒种子播下了自信，它是一支蜡烛照亮了心田，它是一座灯塔指引了方向，让我收获了一种信任，一种温暖，一种期待。

后来，这名女生成绩名列前茅，性格不再内向，上课时发言积极了，和同学们关系融洽了，还参加了学校组织的各类文体活动，第二年初三毕业，考入本市一所省级重点高中。

"只追前一名"，就是一种希望，就是一种自信，更是一种成功。的确，只追前一名，你的成功就在眼前。

# 隐藏在终点的起点

巴伯出生在纽约一个农场主家庭，从小在祖母的农场里度过暑假，他学会了割草、打包干草等杂活，但他最爱干的还是跟着祖母学习一些简单的烹饪技术，祖母对人的技术总是赞不绝口，这让他非常得意。

不过，他的理想可不是当一名厨师，而是当一个政治家，想成为像林肯、罗斯福那样的大人物。幸运的是，高中毕业后，他进入一所大学学习政治学，每次读到那些政治家荡气回肠的励志故事，他的心中就燃起一团火焰。

大学毕业时，他获得一笔奖学金，准备前往中国撰写一篇有关香港回归的论文。可就在他兴致勃勃地准备出发时，一个晴天霹雳把他击倒了，他的奖学金和研究项目突然被取消了。他愤怒极了，找到学校进行理论，但无济于事。有个好朋友私下里替他打听到，被取消的真正原因是有个别教授认为他不具备这种能力。他觉得自己被学校无情地玩弄了，开始心生怨恨，意志消沉。

回到农场，祖母见他一蹶不振的样子，笑着对他说道："孩子，你这种低迷的状态已经很久了，人生总会遇到不公允的事情，但生活还要继续，我给你讲个故事吧。"

祖母说，她有个朋友，年轻时特别想成为一名糕点师，为此她勤勤恳恳地学习，希望有一天实现理想，她抓住一切机会参加糕点设计比赛，但从来没有取得过好成绩，一次评委无情地说，一个家庭主妇水平也敢来参加比赛吗？这让她的心灵受到前所未有的重击，从此她幡然醒悟，转而跟着父亲苦心经营一家农场，最终获得成功。

听到这里，他忽然明白，这个人不是别人，就是祖母自己，她从来没有跟他提起过的往事。最后，祖母意味深长地说："一件事情的终点或许就是另外一件事情的起点，重新起步吧，幸好你还年轻。"

经过一番思索后，他前往加州学习做面包，并进入一家餐厅打工。经过检验，他想成为厨师，于是他又进入法国一所烹饪学校学习，1994年毕业后在巴黎成为一名真正的厨师。一年后，他回到纽约进入一家顶级餐厅，在那里他的烹饪技术日臻完善。

1996年，他自己开了一家餐厅，并以祖母农场的名字命名为"蓝山餐厅"，生意火爆。在祖母的教诲下，蓝山餐厅别具一格的地方就是特别注重食材的品质，从不拿次品糊弄人。

没想到，他对食材的讲究为他赢得商机。美国石油大亨洛克菲勒的传人对他的做法极为赞赏，出资3000万美元开发了斯通·巴恩斯农场，巴伯成为农场的管理人，他大力发展绿色农业，并将其打造成蓝山餐厅食材的来源地和最大卖点。

蓝山餐厅的声誉不胫而走。2009年，刚任美国总统的奥巴马和第一夫人把"约会之夜"选在了曼哈顿的蓝山餐厅，巴伯亲自为他们烹制一顿美味晚餐。不仅如此，巴伯还被哈佛大学邀请担任科学课讲师，他主讲的《科学与烹饪》成为哈佛最热门课程之一。

当人们未按自己的理想轨迹以得成功时，往往会慨叹天不遂人愿，但一件事情的终点或许就是另外一个事情的起点，深陷失败囹圄的人们，不妨掉头试试，或许就会柳暗花明，海阔天空。

# 拿起放下，才是真的幸福

生活在这世界，最难做到的无疑就是放下。大多数自己喜爱的固然放不下，自己不喜爱的也放不下。因此，爱憎之念常常霸占住心房，这样哪里快乐自主呢？

"情"能否放得下？人世间最说不清、道不明的字。凡是陷入感情纠葛，往往会丧失理智。若能放下，可称是理智地放下。

"财"能否放得下？李白有首诗道：天生我才必有用，千金散尽还复来。如能放下，那可称得上潇洒地放下。

"名"能否放得下？高智商的人，一般都争强好胜，对其看得较重，甚至爱名如命，最终累得死去活来。若能放下，可称得上超脱地放下。

"忧愁"能否放得下？现实生活中令人忧愁的事实在是太多了，有首诗说：才下眉头，却上心头。若能把忧愁放得下，可称得上幸福地放下，因为没有忧愁的确是一种幸福啊！

在这个世界上，为什么有的人活得轻松，而有的人为什么活得沉重？前者是拿得起，放得下；而后者是拿得起，却放不下，所以沉重。

人生最大的选择就是拿得起，放得下。只有这样，你才活得轻松而幸福。

一个人在处世中，拿得起是一种勇气，放得下是一种肚量。对于人生道路上的鲜花、掌声，有处世经验的人大都能等闲视之，屡经风雨的人更有自知之明。但对于坎坷与泥泞，能以平常之心视之，就非常不容易。大的挫折与大的灾难，能不为之所动，能坦然承受，这则是一种胸襟和肚量。

佛家以大肚能容天下之事为乐事，这便是一种极高的境界。既来之，则安之，便是一种超脱；但这种超脱，又需多年磨炼才能养成。

生活有时会逼迫你，不得不交出权力，不得不放走机遇，甚至不得不抛弃爱情。你不可能什么都得到，所以，在生活中应该学会放弃。

而常常是，生活中不是拿不起来，而是放不下。我们手中的东西不想丢掉，却又要拿起更多的东西。

苦苦地挽留夕阳的，是傻子；久久地感伤春光的，是蠢人。什么也不愿放弃的人，常会失去更珍贵的东西。

学会放弃吧！放弃失恋的痛楚；放弃屈辱留下的仇恨；放弃心中所有难言的负荷；放弃费尽精力的争吵；放弃对权力的角逐；放弃对虚名的争夺……凡是次要的，枝节的，多余的，该放弃的都要放弃。

拿得起，实为可贵；放得下，才是人生处世之真谛。

只有放得下，才能将该拿得起的东西更好地把握住，从而抓住最重要的东西。只有这样，你的人生才会更加精彩。

# 请给你我一次机会

大学毕业，他到一家国有企业做机械设计工作。他像其他年轻人一样，每天都要在电脑中搜索自己所需要的资料。不过，他在使用搜索引擎的同时，发现了一个重大的秘密：搜索引擎的背后有一个没有被人发掘的巨大的词库。他想，如果把这个词库与输入法相结合，那么，将会使输入法变成一种懂得操作人心思的智能输入法。同时，由于搜索词库是由网民使用搜索留下的，所以，这种输入法将大大减少输入法背后的人工工作量。

他为自己这个发现而兴奋。因为，这种能够懂得操作人心思的输入法如果变成现实，那将会引起汉字输入的一次重大革命，同时，也将给商家带来巨大的经济效益。可是，他不懂计算机软件开发技术，也不会编制软件程序，根本无法将这种软件研发出来。但是，他觉得思路会改变一切。只要思路和方法是对的，一切困难都是可以克服的。

他辞去了国有企业的工作，只身来到北京，开始了自己的创业。他把这种思路写成了一个详细而又系统的策划报告书，发送到了百度的信箱里。他在信箱的主题栏里写下了一行字：给我一次机会，让我成就你！他相信，百度如果选择了他，就是选择了一次汉字输入变革；选择了这次变革，就是选择了巨大的财富。所以，他认为自己这封求职信看似高调，其实没有一点夸张。他相信，如果百度的李彦宏看到这份策划报告书，一定会亲自接见他。

第一封电子邮件发出后，他一连等了7天，可是，什么也没有等来。那份策划报告书就如石沉大海，没有一点反响。在第八天的早晨，他再次把相同的策划报告书发送到百度所有的信箱里。可是，这次与第一次的效果一样，也是没有任何反响。第15天的早晨，他再次把这份策划报告书发给百度。这次，百度回信了。但是，这封信只有6个字：谢谢关注百度！他有些着急，有些失望，但不灰心。因为，他坚信自己的思路是对的，求职信也没有问题，因为，这份策划报告书里面的每个字可能都是价值千万的。他再次给百度去信，得到的还是6个字：谢谢关注百度！他对百度彻底失望了，他决定另寻发展。

由于他的发现是与搜索有关，所以，他必须选择具有搜索业务的公司来合作。这次，他选择了搜狐。他把这份策划报告书放在了搜狐的信箱里，邮件的主题栏里还是那句话：给我一次机会，让我成就你！在邮件发出前，他钱夹里的钱只能维持三天。如果三天之内再没有回复的话，他就只好打道回府了。因此，他在邮件的结尾写下了一句悲壮的话：我不需要过多的报酬，只需要给我在北京的生活费用就够了！写下这句话的时候，他流了泪。一分钱难倒英雄汉。一个重大的输入法革命竟然没有人赏识，这是一件多么悲哀的事情呀！

邮件发出不到一个小时，他就收到了搜狐副总裁王小川的回复：三天后约见。他兴奋得睡不着觉，再次为自己的策划报告寻找依据。他查出了百度、谷歌、腾讯等搜索引擎近5年来的搜索记录，提出了200个灵感点和100个小创意。

三天后，搜狐把机遇给了他，任命他为新的输入法产品经理。同时，他也成就了搜狐。他很快把这种新的输入法研制了出来，这就是搜狗输入法。搜狗输入法一问世，就秒杀了紫光拼音、微软拼音、智能ABC、五笔等输入法，迅速出现在数以亿计的网络终端客户上，成为全球第一大汉字输入法。

他的名字叫马占凯。由于搜狗输入法的新业务，搜狐股市上涨了50%。这时候，百度、谷歌、奇虎等重大搜索引擎公司才发现了那个重大发现背后的商机，可是，为时已晚。特别是百度，估计李彦宏后悔得肠子都青了。

给我一次机会，让我成就你！这就是马占凯的求职宣言。其实，求职是双方面的事情，求职者不必低三下四，奴颜婢膝。只要你的酒香，就一定会遇到赏识你的伯乐！

# 倾听最美的声音

单位不远处的马路边有个书摊，摊主是位二十七八岁的聋子。我常去看书，我们渐渐成了朋友。

没生意时，他常坐在书摊后的树荫里读书，读到会心之处常常忘乎所以地拍腿大笑。他有手机，会收发短信；家里上了网，有电子信箱，还建了博客。

他是一个很有情趣的人。一天下午下着小雨，我在单位接到他的短信：下雨不出摊，到湖边喝酒？我欣然，"案牍之劳形"一扫而空，瞅瞅领导，悄悄出门，冒着小雨赶去。他没有打伞，石凳上放着两瓶啤酒，一些盐水花生。我们在小雨里喝酒，兴致勃勃。

他非常孝敬父母。有一次，我出差回来，带给他一只烤鸭，他说："替我看一会儿摊子，我回家一趟！"把烤鸭放在电动三轮车里，骑上就走。我拉住他，打手势问他干啥？他说："我妈还没吃过烤鸭呢，我给她送去！"

别人给他介绍过几个女朋友，都因他的耳聋而告终。有一次，他悄悄告诉我谈了一个女朋友，是外地的网友，过几天来看他。我想提醒他，看着他高兴的样子，终于不忍心说出来。那个女孩子来了几次，借了他两千元。我提醒他别上当，他笑着说："她不是那种人！"后来，那个女孩子还了钱，对他说："以后认你做哥哥吧！"他对我说的时候，表情很喜欢，说："我有了一个妹妹！"我看出他的笑中隐隐透出悲凉。

他那么善良，有情趣，热爱生活，对未来充满向往。我常常为他惋惜，觉得他假如不聋，一定能够享受更美好的生活。

一天晚上，我骑自行车去他家拿书，他不在。桌上摊着一封他写给朋友的信，我随手拿起，才发现他的精神天地那么宽广、丰富。我把信抄了下来：

现在的生活好简单，书摊前顾客常换，脑子里牵念的也只是寥寥数人，只是我的快乐并没有减少，读书的快乐，写信的快乐，甚至于有走在雨中感受雨水清凉的快乐。生活由喧嚣还原成宁静，由繁复还原成单纯，味道变得更真实更能咀嚼人情味。

一直不敢忘怀帮助过我的人们，他们大多是芸芸众生里平凡普通的小人物。常与好友饮酒，菜简陋、酒寒碜，却喝得酣畅淋漓……

我写信权作放言谈心，没什么主题，所以你且看做行云，飘过眼前，不必做深究，因为我在品味一种快乐——写信的快乐！

农历八月十四夜，月明星稀，微风轻拂，执茶轻呷，胸怀大畅……

我深深地为他感动着，耳聋切断了他与世界的声音联系，万籁俱寂中，他却用心灵倾听到了最美的声音。我有些惭愧：我这个身体健全的人，天天看到许多，听到许多，却又咀嚼了多少？收获了几许？满足了几分？从他身上，我懂得了，生活对每个人都有丰厚的馈赠，关键在于，谁的心灵丰富、敏感、乐观。

# 人生的面试无处不在

饭桌上，夹菜的动作、吃饭时的声音、面前桌面的清洁度等，都体现着一个人的修养。我常观察的是埋单的细节，有些人不爱埋单，能躲则躲，但即便躲得很巧妙，几次下来就会发现约他的人越来越少。那些总是抢着埋单的人，不是因为多有钱，而是把这当成一种修养。

送礼物的习惯也很重要，不管贵还是便宜，最重要的是用心与否。我不经常送礼物给朋友，但要送就选独特的。比如，我会把自己旅行中拍下的图片做成小册子送人，这样的礼物花不了什么钱，但有满满的心意在。我喜欢吃红枣，去买的时候会顺手多买几袋给爱吃红枣的朋友。把喜欢的东西跟别人分享，送别人需要的东西，这也是一种修养。

现在的人都很忙碌，但对于喜欢的人和事，我们要学会不忙。我的准则是，只要想做的事或者想见的人，我总是能抽出时间，没有时间也会挤出时间；实在没时间，我会主动约其他时间。这种选择会让你知道什么重要，为什么而忙。

在状态不好时，我们都不太注重自己的打扮。但我的一位朋友很让人敬佩，她在任何时候都会把自己收拾得很体面后才出门。心情不好时，她会把自己打扮得更漂亮。她认为，女人很邋遢就像在暗示自己没有能力去胜任一些事：我被生活打败了，我被孩子打败了，我被琐碎打败了……这样就真的被打败了。

去年，她的孩子做了大手术，很多人以为她会忙得焦头烂额，但我却看见她带了一只小型电热杯和一小袋五谷杂粮，随时为自己煲一杯香浓的营养粥。每天都把自己收拾得体面干净，照例涂上淡淡的口红，头发盘得一丝不乱。

　　照料孩子的闲暇，她坐在陪护椅上捧着本书看，旁边放着一杯咖啡。她说："如果一碰到事精气神就乱了，那更麻烦。本来就是糟心的事儿，如果再吃不好睡不好，那岂不是把自己搞得更不堪了？"

　　人生的面试其实无处不在，你是以何种姿态应对的呢？

# 给自己一个交代

为自己设置最可心的起床闹钟铃声，醒来后会心情舒畅。

外套要挺括，贴身衣物要尽量松软；鞋子要有款有型，袜子要柔若无物。

吃顿营养早餐，微笑着出门，微笑着踏进办公室。微笑是天然的电磁波，能够消灭周围潜在的冷漠和敌意。

不要持续伏案工作超过两个钟头。有事没事都找机会暂停一下手头事务，让眼睛休息片刻，伸伸懒腰，或者什么都不做，放松一会儿。

晴天时，一定记得去晒晒太阳，你的心灵也需要光合作用。

无论多忙，都要午睡，20分钟或者半个小时便足够。

亲近绿色。欣赏案头盆栽或室外绿化物，借此唤醒生命意识，提醒自己活着多好。

看爱情剧，但不要拿剧情来比照自己的婚恋状态。

与人通话时，第一时间奉上"你好"，可熨帖自己、打动对方，温暖身边人。

非正式场合，遇有人争执，保持中立。不批评不在现场的人，会让你身心保持宁静，这一点是道德要求，也是生活智慧。

光顾顾客多的店铺。回头客多，自有其中的道理。

每次外出和回家尽量走同一条路线，那些熟悉的街景和相对熟识的面孔会增添世俗生活的亲切感。

包里一定要有零钱。这样可以节约好多时间，少费好多口舌。

别人帮了你，记得当面道谢，然后发条短信或电子邮件致谢；拒绝了别人的求助，也这样去做。

除了购物、泡吧、聚餐、K歌，还有更简约的消遣方式：晴天运动，阴天散步，雨天宅在家里看自己喜爱的电影。

除非迫不得已，拒绝夜生活。

每天都要给自己最好的交代。每天不只图乐和，更要图平和；每天不只求精彩，更要求精致。

# 下午茶时光

下午3：30，丝雨会准点起身，关掉显示屏，随手拿起一个苹果，往办公室外面走去。十几分钟之后，她回来，手里的苹果不见了。

丝雨是公司里新来的文案编辑，公司文案工资虽多，但也出了名的累，很多在公司三四年的老员工都需要熬夜加班，说是要找灵感。丝雨刚来公司的第一个月，也是每天加班到晚上八九点钟才回家。入职前，人事部就交代过了，"你这个岗位会很累，很多年轻人都扛不过试用期就走了，你要慎重考虑。"她笑了笑，说："我会努力学习。"

她的努力似乎很有成效。一个月之后，她就能够准点下班，而所做的工作并不比别人少。最重要的是，她的工作状态看起来也比别人轻松很多。很多人忙到没时间起身上厕所，由此叫苦不迭，愁眉苦脸，聚到一起就八卦公司的魔鬼制度，进而策划离职之类的事情。丝雨不闲聊，上班时间，她会在公司的群里面发一些最新看到的新闻，偶尔发两句笑话。但大部分时间，大家都没时间看，也没时间笑，丝雨自娱自乐。

下午3点，她拿着一个苹果消失了。没有人注意到这些，因为大家都在忙着自己的事情，脑子里一片糨糊。但，有一天，我发现了她的秘密。

我和她一同上厕所，看到她洗完苹果并没有回办公室，而是沿着办公室外的走廊走了过去，一直走到走廊尽头。来不及和她打招呼，我自己就惊到了。原来，办公室外一百米不到的地方，有这样一方天地。从窗边望过去，视野极其开阔，绿意葱茏，直接可以看到植物园，没有了高楼大厦，也没有车马喧嚣，这简直是一个适合疗养的空间。闭上眼睛，一股清凉的风吹得人神清气爽。就是在这样的环境下，丝雨放了一首轻音乐，然后开始吃苹果。她闭着眼睛，陶醉在自己的世界里，几乎没有注意到我的到来。

这种状态让我想到一个都市女白领，坐在咖啡馆里喝咖啡，如此优雅。完全看不出工作任务繁重，只觉得一切都是享受。

因为我知道了她这个带着苹果出走的秘密，于是，下午3点成了我们俩的下午茶时光。除了那个窗口，她还带着我去见识了很多我从未见过的，却一直在我们身边的美。譬如：拐角有一只流浪猫，那里放了一个缺了口的碗，是丝雨准备的；譬如：不远处有一棵即将枯萎的绿萝，丝雨浇了点水，它又活了过来；还有花痴的事情，哪个公司的前台是帅哥，额头挡着一排刘海，像极了来自外星的都教授……

这些，都成了她文案的灵感来源。就是在这短短十几分钟的时间里，仿佛来了一场与世隔绝的逃离。一切不动声色，又在内心风生水起。像吃了某种大力丸，瞬间充满了力量，灵感顿生，回到座位后，键盘敲得"啪啪作响"。下午3点钟，原本是人一天中最容易疲惫和困顿的时光，却因为一个苹果和一场超脱的微出走，变得美好和迫不及待。

哪怕没有落地窗，没有咖啡，没有甜美的服务生，没有优雅的钢琴手，没有迷离的灯光，丝雨也能够用一个苹果为自己准备一场静谧又盛大的下午茶时光。所以，在任何环境下，她都能够轻松应对。

# 偏差只有一毫米

他是杂技团的台柱子，凭借惊险的高空走钢丝而声名远扬。在离地五六米的钢丝上，他手持一根中间黑色、两端蓝白相间的长木杆作平衡，赤脚稳稳当当地走过10米长的钢丝，从未有过丝毫闪失。

一次，长木杆不小心折断了，团里非常重视，不惜高价找来了粗细相同、长短一致，重量也一样的木杆。直到他觉得得心应手时，团长才请油漆匠给木杆刷上与以前那根木杆相同的蓝白相间的颜色。

又是一次新的演出。在观众的阵阵掌声中，他微笑着赤脚踏上钢丝，助手递给他那根蓝白相间的长木杆，他从左端开始默数，数到第10个蓝块，左手握住。又从右端默数到第10个蓝块，右手握住，这是他最适宜的手握距离。然而今天，他感到两手间的距离比他以往的长度短了一些。他心里猛地一惊，难道是有人将木杆截短了？不可能啊！他小心翼翼地把两手分别向左右移动，一直到适宜的距离才停住。他看了看，两手都偏离了蓝块的中间位置。他一下子对木杆产生了怀疑。

刚走了几步，他第一次没了自信，手心有汗沁出，终于，在钢丝中段做腾跃动作时，一个不留神，他从空中摔了下来，折断了踝骨，表演被迫停止。事后检查，那根木杆长度并没变，只是粗心的油漆匠将蓝白色块都增长了一毫米。很多时候，我们的自信都是受习惯思维的影响，木杆的长度没有变，但自信的距离改变了。就是这一毫米长度的变化，影响了他的成败。

# 从小事做起

俞敏洪认为，大事业往往要从小事情一步步做起来。没有做小事打下牢固的基础，大事业是难以一步登天的。

会做事的人，必须具备以下三个特点：一是愿意从小事做起，知道做小事是成大事的必经之路；二是胸中要有目标，知道把所做的小事积累起来最终的结果是什么；三是要有一种精神，能够为了将来的目标自始至终把小事做好。

俞敏洪的朋友万通房地产董事长冯仑曾经说过："我拿着一杯水，马上就喝了，这叫喝水；如果我举10个小时，叫行为艺术，性质就变了；如果有人举上100个小时，死在这儿，这个动作还保持着，实际上就可以做成一个雕塑；然后如果再放50年，拉根绳就可以卖票，就成文物了。"冯仑这一观点得到了俞敏洪的认同。

西方神话中有一个西西弗斯的故事：西西弗斯被宙斯惩罚，他要把一块大石头推到山顶，而每当石头被推到山顶的时候，石头又会滚到山脚去，这样他又不得不重新把石头推到山顶去……推石其实也有很多不同的推法，当他把一块石头推到永恒的时候，大家就都知道了他，他成为永恒的故事。如果西西弗斯把推石头当成一种惩罚，那么他会很难受，每天带着怨气，就像很多人工作时带着怨气一样，这样做工作是做不好的。而如果他一边推石头，一边欣赏路边的风景，感受春夏秋冬不同的景象，那么当他在山顶上看到蓝天更高更美的时候，生命就得到了升华。

当你发现一件事情，你能把它从小事做大，并且能够逐渐地做成你自己的事业的时候，你坚持做下去，你就会由只是一个动作，变成了一尊雕塑，最后人们就会欣赏你，就会赞扬你，就会肯定你，就会承认你。

俞敏洪谈及他做新东方的心得时，这样说道：任何一个伟大的东西，你分到日常的每一天去做，都是很小的事情，甚至是很无聊的事情，对吧？但是你得认识到，日复一日地，你跟政府领导吃饭；日复一日地，你背着书包去上课；日复一日地，你处理新东方内部员工琐碎的事情……这些东西是需要你有强大的现实主义精神才能做成的。

随着新东方的发展，俞敏洪每年仍坚持在全国各地做二三百场演讲，几乎平均每天一场，一如新东方创办之初那样。艺术家千百次地重复着一个个唱段，俞敏洪则重复着单词、句子和一次次地授课演讲。

人这一辈子其实做不了太多的事情，什么事情都想做等于什么事情都做不成。如果我们能把一件小事做到让自己满意，就已经很了不起了，能做到尽善尽美，就更了不起。

中国有句话说：三百六十行，行行出状元。俞敏洪说，他在扬州认识一个修脚匠，你也许会认为，修脚能做成什么事情？但是，行行出状元，他修脚修成了人大代表，香港最著名的企业家用飞机把他接去香港修脚。

同样也有一个发生在美国的故事让人很感动。有一个服务员，这个人是一个天生的服务员，他的服务质量很好，很受顾客赞赏。后来，他开了一家自己的餐饮公司，由于有很好的服务，他的公司很受欢迎，美国的一些政治家和富翁家里只要有餐饮活动，不管多远都要用飞机接他和他的班子来做饭。美国的政治家和富翁都喜欢开私人party（派对），开party一定会请餐饮公司，这样的公司在美国有很多，但是他的公司最为有名，美国的富翁们都以请到他为骄傲。而这个人也很有商业头脑，他又开了一家餐饮学校，然后带着自己的弟子，到全世界各个地方去，去承包那些最昂贵的、最有品位的宴会的餐饮服务。最后他买了一架波音737飞机，飞到各地去帮人做饭。很多人都认为，一个服务员变成了一个买波音飞机的亿万富翁，这是一个奇迹，其实，他就是热爱这一行，把它做到了极致而已。

# 坚持让梦想花开

　　他出生于山东省济宁市的一个农民家庭，为了解决一家人的口粮问题，父亲除了种地就整天在外拉板车卖煤球。但贫苦的生活没有熄灭他梦想的火焰，他从小就迷上了唱歌唱戏，家里没有录音机，他就坐在村头的大喇叭下听，时常入迷忘记回家吃饭。村里有了红白喜事，请人唱歌唱戏、吹笛子吹喇叭，这成了他最喜欢去的地方，戏班子里的演员唱一句，他就跟着学一句，唱得悠然自得。

　　为了音乐，他没少"折腾"。没有老师指点，他就找来著名民族声乐教育家金铁霖的讲课录音带，一遍一遍地听，听得次数太多，磁带都发出了"刺啦"声。没有钱买笛子，他看着水管子跟笛子差不多，就把水管子挖几个眼当笛子吹，做了几次竟然成功了。没有更多的乐器，他就练口技，树叶、针管、瓶子、吸管、梳子等，经他改造都能吹出优美的歌声，鸡、鸭、牛、鸟等动物的叫声他也学得惟妙惟肖，如同真的一般。在方圆几个村里他是"名人"，是"穷折腾"。

　　还是为了音乐，初二辍学后，他听说济宁市第一职业中学有个声乐班，就想报名去学习，但遭到了父亲的强烈反对，在父亲眼里这是"不务正业"。父亲告诉他："你喜欢听听、唱唱就算了。这玩意儿不当吃不当喝，咱农民种地才是正事。再说咱家也没有能力支持你唱歌唱戏。你要学就学个厨师、焊工或钳工，将来也有个一技之长。"他知道没法说服父亲，就从三姑家借了1500元，偷偷地跑到济宁市第一职业中学报了声乐班。老师听他唱歌之后，觉得他唱歌的天分并不好，建议他改学小号、笛子等乐器。但是老师越是这样说，他就越想唱。别人练一个小时，他练两个小时；同学有一本声乐书很好，当时买不到，他就从头到尾抄了一遍。

一年的声乐学习班结束后，他成为全班进步最快的学生。

可是，唱歌不能当饭吃，学习班结束后，他求职无门，多次碰壁。无奈之下他去了一家牛肉厂打工。厂里有个饭店，他在包间当服务员。客人用完午饭后，他就躲在包间里唱歌，这一唱就是三四年。后来他报名参加了当地的一些歌唱比赛，也获了一些奖项，这给他很大的鼓励和信心。为了圆音乐梦想，他辞职去了北京，可北京并不接纳他，四处碰壁后他又回到了家乡。后来，他在济宁一家大饭店找到一份工作，每天唱歌80元，但家里人都很反对，认为"灯红酒绿的，别人瞧不起"。这时他自己也想放弃，但发了第一个月工资，他给自己买了一个随身听，歌声又坚定了他的音乐梦想。

2010年，一次偶然的机会，有人建议他参加为大众提供才艺展示机会的中央电视台《星光大道》栏目，他抱着试试看的态度就报名参加了，没想到竟然一步步拿下周冠军、月冠军，走到了2010年度总决赛的舞台。在舞台上农民出身的他用质朴无华打动了观众，用歌声唱出了农家人的生活情感。他的口技表演《农家的早晨》《在希望的田野上》，在欢快的伴奏声中，鸟儿欢叫着从他嘴中飞来，二胡优美的旋律也从他嘴中飞出。

《星光大道》有个环节要求表演家乡美，他却选择歌曲《父亲对我说》，因为在他心里，"劳动是最美的"。他和父亲、弟弟一起拉着耧车走上舞台，随后，父亲坐到台阶上，扇着扇子，一位小女孩拿着毛巾为他擦汗，这场景感动了所有的观众，也圆了父亲进北京的梦想。他在星光大道获得周冠军后，回老家第一件事就搞了一场个人演唱会，为家乡父母汇报演出。在田间地头，没有炫丽的灯光、豪华的舞台，一辆普通的农用三轮车当舞台，金灿灿的麦田做背景，他的个人演唱会开始了，这场短短的演出感动了家乡的父老乡亲。

2011年2月16日晚，在《星光大道》2010年度总决赛上，他以《今夜无人入睡》《快给大忙人让路》等高难度的歌曲博得了评委的称赞与观众的喝彩，而在才艺展示中，他精彩的口技表演更是征服了嘉宾及全场观众，最终击败了夺冠热门旭日阳刚，成为2010年度总冠军。

他叫刘大成，一个地地道道的农民，一个真真正正的草根。

每个人都有梦想，梦想直接指引着一个人一生的幸福。在人生的道路上，最重要的就是不要被现实消磨去梦想的光辉。要让梦想的光芒一直照耀着前行的道路，一直对我们有所指引，并且一直尝试向它靠近。梦想给你绘就了一张人生地图，只要敢于尝试和坚持，不放弃，即便梦想再遥远，也总会有到达的一天。刘大成就是一个梦想的追寻者，因为有了坚持与奋斗，最终把成功紧握在了自己手中，使梦想水到渠成。

# 绝路背后是光明

**2**

上帝关闭了一扇窗，
必定是为你打开另一扇窗。
禁止是一种开启，
就是这样一种道理。

# 一株自由生长的野草

　　没有上幼儿园、上学后不择校、不补课、不上兴趣班、有些课还不上，一个不按照如今的教育"常规"出牌的男孩儿，2011年却以全额奖学金走进了英国牛津大学，攻读天体物理学博士。

　　这个男孩儿叫张维加，1989年12月出生在浙江诸暨一个普通人家，母亲是中学语文老师，父亲是一位电脑工程师。

　　张维加5岁时，随父亲搬到杭州，在三墩落户。父亲将他送到单位的幼儿园。幼儿园就在父亲的办公室楼下。可只上了几天，小维加就说没意思，不想去。父亲也不勉强他，让他待在自己的办公室里，自己在工作之余教他，自己准备教材，出题目，做算术，100以内加减，小学一二年级的题目他也做了不少。另外就是看小人书，几天就能看一本。到了小学，一二年级课程他早会了。

　　张维加最大的特点就是爱看书。小学二年级时，张维加就把父亲的《传统相声集》翻得纸都快掉下来。整个小学阶段，父母从不催他做作业，父亲还喜爱给他讲历史故事。父亲没空的时候，维加就自己找书读，有时兴趣来了，他还喜欢动笔写写，在家里的白墙上涂鸦，父母也任由他写，不打不骂。到了小学高年级，张维加读书的兴趣更浓了，中国通史、古典名著全都自己看。小维加看书的速度飞快，母亲要看一个星期的书，他只要一天就能看完，而且记性特别好。当他一口气吞下《上下五千年》后，还能述说其中的场景细节。初中时，他去图书馆借书，别人是一本或几本的借，而他一借就是一大袋，有几十斤重。因为还得及时，又爱惜书本，图书管理员对他这个爱看书的孩子格外喜欢格外关照，总是满足他的要求。

到了高中，张维加依旧喜欢读书，常常泡在图书馆里。有好几次，到了晚上就寝时间，满学校找不到他人，后来才知道，他先蹲在图书馆看书，图书馆要关门，他就拿着书蹲到还没关门熄灯的计算机房里学习去了。为了尽兴读自己喜爱的书，维加曾找到高中校长，说他有些课程早就自学看完了，能不能不上那些课？校长在与班主任及任课老师商量之后，同意让张维加免试部分课程。此外，张维加没有参加过任何学科的奥林匹克竞赛，学校也没有动员过他参加。

就是在这样一个自由、宽松的环境中，张维加在高二时写出了论文《寒武碰撞性大陆起源与生命进化的研究》，这是一篇跨越了生物、化学、物理等专业范围的论文，当时在浙江没有教授能在第一时间读懂这篇论文。论文推荐上去，获得了全国青少年科技创新大赛前三名的好成绩，并获"明天小小科学家"称号，张维加也因此获得了保送北京大学元培学院的资格，又赢得了大半年自主学习的时间。

张维加也玩电脑。也许是与父亲的工作有关，张维加还在读小学的时候，家里就买了电脑，但他只是把电脑作为学习的工具。他不爱玩电脑游戏，高三时虽然玩过一段游戏，可很快就停手了，说那纯粹是跟着编程玩，没意思，转而还是干起自己的老本行，有时间还背起了牛津大词典。

进入北京大学后，张维加的知识面与专业深度让人惊讶，赢得了不少教授的青睐。又因为他学术上的谦虚、勤奋，结识了许多圈内的牛人。82岁高龄的北大物理系教授、中国物理学会副理事长赵凯华，与他成了"忘年交"。被誉为"嫦娥之父"之一的77岁的欧阳自远教授，也是张维加的好朋友。有这样的"朋友"，张维加如虎添翼，本科四年，他发表第一作者论文27篇，其中SCI与EI（SCI：科学引文索引，EI：工程索引，ISTP：科技会议录索引，世界三大著名科技文献检索系统，国际公认的进行科学统计与科学评价的主要检索工具）论文7篇。

大学毕业后，经北京大学教授的竭力推荐和英国牛津大学的审核与两次共两小时的面试，牛津大学以全额奖学金向张维加伸出橄榄枝。张维加以专业课第一的成绩顺利飞到牛津大学，攻读他喜爱的天体物理博士学位。在牛津大学，不到一年的时间，他又发表了3篇SCI期刊论文。2012年，他被享誉世界的成立于1820年的英国皇家天文学会吸收为会士，成为迄今为止这个学会最年轻的会士。

聊起今天的成就，张维加很是感慨，他说应该感谢也很庆幸在国内的学习生活，是家庭、学校给他提供了自由的空间。从小学到初中，他都是在家门口的普通公办学校就近读书的，分别是三墩小学、三墩中学；高中时的杭州市第二中学及大学时的北京大学，都给了他自由发展的空间。说到这些国内的学校和老师、教授，张维加颇有些激动，他说自己就像一株野草，如果植于野外，自然茁壮成长，如果置于盆内，或许就衰败了。

张维加是一株野草，一株没有受限于或方或圆的盆景的野草，一株吸天地之精华灵动伸展的野草。

# 有骨气的三流导游

## 侠客当上导游

郭勇27岁，是从小成长在北京郊县的异乡人，是叔叔婶婶抚养他和妹妹。叔叔家租地种菜，他也就跟着到各区的酒店餐厅去送菜。他的学历低，找工作十分困难。但是他熟悉皇城根儿的角角落落，对于许多民俗传说，可比我这个刚入门的专业导游强。

在我的建议下，他考了导游证，成了我所在旅行社的一名三流导游。每天早出晚归，奔走于北京的各大景点之间，累得疲惫不堪，但他却乐此不疲。

## 坦荡的男人有颗感恩的心

郭勇缺钱。妹妹在读书，二婶身体不太好，靠二叔一个人根本养活不了这一大家子。为了帮助家里，郭勇摆过地摊，当过苦力、衣托儿，跑过长途车。毕业十多年，他很多工作都干过，却始终没有找到合适自己的。他说，虽然是三流导游，但他不介意，他觉得这次是入对行了。次年春节过后，我跳槽到一家外企，假期我和同事十几个人全部是自费游，郭勇给我们特批了六折，也就相当于，七天的全陪他没有一分钱的补助。微薄的底薪，连最基本的三餐花销都不够，但他的工作却非常卖力和负责。

度过假期，刚下火车，郭勇就接到电话——他二婶在医院。我想陪他去，却被郭勇拦下来。"你不要去了，我二婶得的是乳腺癌晚期，连她自己都不知道。已经做过一次手术，看的人多了我怕她起疑心。"

## 坚强的男人勇于承担

冬天，旅游进入淡季，他每月千八百元的工资，还不够他的二婶做一次化疗呢！听说，他向旅行社请了长假，拾起叔婶的老本行，在医院门口摆了个水果摊。郭勇白天卖水果，晚上给隔壁病室的病人做看护，这样可以一边照顾二婶一边挣钱。

他还四处联络有没有外国人进京玩儿，要找导游的。

到了腊月里最冷的天气，郭勇仍然每天出去。有一次，陪几个美国人到哈尔滨看冰雕，他只穿了一件厚棉袄。结果脸、耳朵全部都冻坏了，手上有些小块皮肤裂了口子，还露着血红的嫩肉，回来当晚就发起了高烧。更意想不到的是，第二天一早，郭勇居然顶着高烧又出发了，去带下一批到哈尔滨的团。

为了钱，郭勇开始带着外国客人到一些黑店去购物，按人头算，无论客人买不买东西，都给导游提成。为了钱，郭勇还胆大到私自炒汇。他偷偷地用低于市场价位的人民币与外国客人兑换外币，换完就拿到黑市上去卖掉。这种行为是违法的，旅游公司也给郭勇记过处分，要不是他以前表现好早就开除了。可是对于郭勇来说，生命比任何东西都重要，治好婶婶的病，即使多蹲几天班房都没关系。

郭勇锲而不舍的努力，最终还是没有能留住他的二婶，在债台高筑之后，二婶离开了人间。郭勇在承受失亲之痛的同时，他还接到了女朋友提出分手的消息。

参加完郭勇二婶的葬礼，我心情也很沉重，打心眼里不希望他垮下去。看出了我的担心，郭勇笑着说："放心吧，我没事的。二婶的离开确实对我打击很大，但人总得面对现实呀！对于爱情我也想通了，爱她就应该让她过得比自己好，谁愿意没过门就先背上一身债呢？我这一生就吃了没文化的亏，我会竭尽全力挣钱，继续送小妹去上学，她好不容易读到高三，不能在关键时刻掉链子呀……"听着郭勇分析得头头是道，我悬着的心才算是落了地。

## 三流导游是英雄

2003年春天，北京市京开高速路上发生了一起交通事故。由于夜间行车，一辆十吨重的车行驶速度过快，来不及刹车将一辆正在维修中的旅游大巴撞入路边两米多深的沟里，大巴车翻了个跟头，车顶朝下整个儿卡在沟底，车前面的门和司机出口全部变了形，无法打开。

爬在大巴前下方维修的司机在被撞后飞出数米，当场昏迷，车里面的人也受伤过半。当时，郭勇正站在车里给大家讲笑话。突如其来的一撞，他的头和车窗做了一次巨大的亲密接触。他用最快的速度抓住车顶的把手，同时向大家喊了一句："快抓住椅子，有危险。"

事故就这样发生了，郭勇从短暂的休克中醒来，他隐约闻到了汽油味。来不及多想，挣扎着爬起来就去救人。终于找到几个没有受伤的男同志，他们用尽全力想把车门打开，但完全是徒劳。大巴的车窗玻璃都是封闭的，他们只能用臂膀、用脚、用一切可用的东西来打碎它。五个人，花了不足十分钟的时间救出40几名游客，在郭勇舍身去救最后一个人的时候，大巴车的火势越来越严重了，烧得车身滚烫。他艰难地将那名游客送出车窗，在自己跳离大巴的一瞬间，大巴突然就爆炸了。

我来看他，躺在病床上的郭勇脸色还有些苍白，他伸手递给我一叠钱。"2000元还债，500元是感谢你一直以来对我的照顾。"看到我发呆，郭勇笑着解释说："我救了26名游客，他们全都是有钱人，承诺一定会给我重谢。刚刚，公司老总来看我时说，要为我双倍加薪。还有很多记者给我做过专访，明天，不，今天我就已经是京城的名人了。如果那辆肇事车主还活着，我要好好感谢他，是他让我一夜之间名利双收……"

郭勇的话我再也听不下去了，失望至极，一个人静静地走出病房，我知道，这个城市将会增加一个不显眼儿的富人，而我却失去了一位以诚相待的朋友。

半月后的一天，偶然翻报纸发现一则消息，里面写到"三流导游，穷有穷的骨气"，还登了郭勇的大幅照片。原来，他并没有收那几十万元的感谢费，而是建议那些把他当恩人看待的富家成员，捐款给没有钱看病的穷人们，希望他们早日康复。

善待别人就等于善待自己。当我再次急匆匆赶去医院的时候，郭勇躺过的那张病床已经住了别人，眼泪就在那一刻不争气地掉下来。

# 向卖帽子的人推销鞋子

20世纪20年代，随着体育运动的热起，在一个名叫赫佐格奥拉赫的德国小镇上，先后出现了三家运动鞋作坊。其中有位老板才20岁出头，他起初是一位跟着父亲在街头摆摊的修鞋匠，后来因为从体育上看到了商机，才大胆投资办起了一家制鞋作坊。

有一次，小伙子和另外两家作坊的老板一起乘坐公共汽车去纽伦堡推销鞋子。车到半路，上来一位拎着一大包帽子的推销员，那是一位无时无刻不想着业务的推销员，一上车就从包里取出几只帽子来滔滔不绝地向小伙子他们推销了起来。

小伙子和那几位老板也是去推销产品的，对那人的帽子当然没有什么兴趣，他的两位伙伴纷纷把头侧向了另一边看外面，可小伙子却不一样，他饶有兴趣地听着那位帽子推销员讲话。后来，那位推销员问他："买一顶帽子吧！等我下车之后你就要错过这个好机会了！"

"你的话很有道理，但你的形象使我的购买欲打了不少折扣！"小伙子认真地说。

"我的形象？你是说我的穿着不得体？"帽子推销员纳闷地问。

"不，你虽然戴着非常不错的帽子，穿着非常不错的服装，但你的鞋子上沾满了灰尘甚至是污泥，而这足以间接地影响到你的产品形象！"小伙子说。

那位推销员听后连忙拍了拍自己鞋子的脏泥，但很显然，鞋子上的污泥并没有那么容易被拍掉，他尴尬地说："做推销员东奔西跑的，这是不可避免的！"

"对！可是你如果穿着一双随时都能擦干净的运动鞋，那这些就完全可以避免了！"小伙子边说边伸出脚，然后往自己的鞋子上洒了一些灰尘，接着用湿布一擦就干净了。

帽子推销员眼睛一亮，觉得穿运动鞋确实是一个不错的选择，不仅走路比穿靴子轻松，最主要的是它能像皮鞋一样去擦就能干净，可以保持好自己的最佳形象，这样也就不至于再像刚才那样，因为形象问题而使别人的购买欲降低！

帽子推销员忍不住问小伙子这种鞋子是哪儿买的，他激动地表示下车后第一件要做的事就是去买一双这种鞋子。这时，小伙子把身边的大鞋包打开来说："你现在就可以从这里买一双！"

事情的结果可想而知，那位向小伙子不断推销帽子的人，最终从小伙子的手中买走了一双鞋子，而与小伙子一起的那两位老板，却始终侧着头，无所事事地把眼睛看在车窗外面。

几年以后，小伙子的作坊发展成了一家大型的制鞋公司，而另几位作坊老板还举步维艰地在原地踏步，最后甚至停业进了小伙子的公司打工。他们曾经问那小伙子是如何做到这一切的，小伙子说了这样一句话："在你们眼里，只有想买鞋子的人才是你们的顾客。在我眼里，任何人都是我的顾客，包括那位一心向我推销帽子的人！"

这位小伙子的公司，就是后来扬名世界的德国运动用品制造商"阿迪达斯"，而他本人，就是阿迪达斯的创办人：阿道夫·达斯勒。

# 一杯 5000 万美元的咖啡

2006年春，斯坦福大学学生凯文·塞斯特洛姆被好运撞了腰。那天，他像往常一样来到帕罗奥图市郊区的咖啡厅打零工，正在替客人泡制咖啡，有位帅小伙从身后拍了拍他的肩，说："我想请你去隔壁酒吧坐坐，顺便谈点事。"

塞斯特洛姆一眼就认出对方是新近声名鹊起的青年企业家，被誉为"盖茨第二"的脸谱社交网站创始人扎克伯格。他笑着拒绝："我还在上班呢。"扎克伯格递过一张名片说："我急需像你这样的图片处理高手帮忙。如果你现在就辍学去我那里，作为回报，我将分给你脸谱公司10%的股权！"

塞斯特洛姆怔住了："可我目前还不想放弃学业，更重要的是，我舍不得这里的咖啡。为了能来这里喝上一杯，我每天都来干满两小时。"扎克伯格一言不发地走了，塞斯特洛姆悠闲地坐下，一口接一口地浅饮着咖啡。

事实上，这不是塞斯特洛姆初次对邀请自己加盟的老板说"不"，只是这次他面对的老板相当"牛"，所拒绝的价码也相当高。以当时脸谱的市值估算，10%股权至少价值5000万美元。为一杯咖啡，谢绝这样的好机会，周围人都说塞斯特洛姆太傻。

作为网络高手，塞斯特洛姆从小就表现出超常天赋。12岁起，他就常跟好友在网上搞恶作剧，通过各种应用程序控制他人的鼠标，迫使他人下线。为了提升计算机技术，他立志要考取斯坦福大学。如愿以偿后，他白天选修编程课，夜晚学习网站开发知识，甚至不惜远赴意大利攻读摄影学，系统地进修摄影技巧、图片处理、升级上传等知识。在暑期，他进到专业网站实习，跟随一批优秀工程师开发应用程序，推出大学网站、兄弟会图片网站等，引起了巨大反响，吸引了包括扎克伯格在内的众多网站创业者的注意。

一封封邀请信纷至沓来，可塞斯特洛姆不为所动。他似乎真把咖啡视为不可或缺，除了专注于网络技术，便是到咖啡厅打工，来换取一杯热咖啡和零用钱。

到了大四，他幸运地获得了在微软、谷歌做兼职的机会。可是没多久，因为不能接触实质性计算机技术，他选择离开，进入一家很小的社交旅游指南网站做编程员，可以不用坐班，在咖啡厅开发电子邮件营销程序。在喝着咖啡工作时，他发现了自己想实现的东西：一种能将摄影技术、地理方位、社交游戏结合起来的新型网站。在风险投资公司的帮助下，他创办了公司。

当上了老板，塞斯特洛姆仍旧常去咖啡厅，在那里开发软件，顺便结识更多志同道合的人。不久，他遇上同样热衷研究照片处理软件的技术开发师克瑞格。两人一拍即合，苦心钻研半年后，推出了首款具有照片分享功能的Instagram软件，22个月内就吸引了8500万用户，且每秒还有6个新用户在申请。

扎克伯格担心该技术被其他网站先应用，将影响脸谱的人气，于是再也坐不住，斥资10亿美元收购了Instagram。这下子，就让塞斯特洛姆的个人财产上涨到4亿美元。

人们这才明白，当年塞斯特洛姆拒绝扎克伯格，并非舍不得咖啡。"在一家创业公司赚大钱，哪能够长久？肯定不是靠谱的事。"塞斯特洛姆说，"我之所以放弃那次机会，是自己还有更大的想法，有更要紧的事做。"

谁会为了一杯咖啡，放弃唾手可得的5000万美元？塞斯特洛姆这个"傻不愣登"的家伙会，因为他要用喝咖啡的时间，想清楚下一步要怎么做。不是所有天上掉下的馅饼都值得忘乎所以地伸手去接，比馅饼更珍贵的，是眼中的万里平川和心底的万两黄金。

# 吃饭的暗黑创意

为了吸引食客，不少餐厅除了准备美味佳肴，还挖空心思地把餐厅装扮得金碧辉煌。然而，北京有一家叫"巨鲸肚"的餐厅却反其道而行：顾客从进门开始，就进入了一个黑漆漆的世界，完全看不到一丝光亮。因此，这家餐厅被人们称为"黑暗餐厅"。

人们不禁要问，这样的餐厅，会有人光顾吗？事实证明，不仅有，而且还很多。

餐厅老板叫陈龙，他无意中知道"黑暗餐厅"这个词后就对其产生了兴趣。通过了解，他知道黑暗餐厅最早由一位盲人牧师在瑞士苏黎世创办，目的是为盲人提供就业机会，同时让健康人体验到盲人的世界，此后，黑暗餐厅名声大振，遍布欧洲。

开餐厅竟然还有这样的经营模式？陈龙觉得太不可思议了，决定也开一家。经过多方努力，他在北京开设了中国第一家黑暗餐厅，起名"巨鲸肚"。

由于盲人服务员不好找，餐厅招聘的服务员都是健康人。陈龙让他们佩戴一种可以把光源放大1500倍的夜视仪，这样，他们就可以在黑暗中看清周围的一切了。

每当有顾客光临，总台都会要求他们把身上一切发光的东西收好，以免光线刺伤服务员的眼睛。进入餐厅之前，领路服务员会让顾客将双手搭在自己的肩头上，后面的人一个跟着一个如法炮制，大家像一列火车般走到餐桌前。然后，服务员帮顾客系上餐巾，指示他们找到自己的椅子、筷子和勺子等。顾客唯一能看到的光源就是服务员佩戴的夜视仪上的一个红点，只要喊一声，这些红点就会飘过来。

在黑暗中吃东西虽然很刺激，但也特别费劲，顾客常常找不到筷子和勺子。陈龙索性给他们戴上一次性塑料手套，让他们用手抓着吃。这样的吃法，让许多顾客直呼过瘾。

初时，由于看不到餐厅的真实面貌，顾客都带着强烈的好奇心蜂拥而至，但体验过一两次后，他们就失去了新鲜感。用什么留住回头客呢？陈龙决定以菜品取胜。他经常叫厨师们用些特殊的原材料，取名"猜猜看"，让顾客猜测它们的制作材料，猜对有奖。越是看不见，顾客越是好奇，连摸带猜，为用餐过程增添了不少乐趣，他们常常一边吃一边捧腹大笑。

这些层出不穷的点子让餐厅的生意蒸蒸日上，也让陈龙豁然开朗，他开始用另一种眼光看待黑暗。

他想，有些顾客可以在餐厅里感受新奇体验，有些顾客可以在餐厅里敞开心扉交流，这说明了顾客有不同的需求，既然如此，餐厅为什么不能提供更多的个性化服务呢？想到这里，他给黑暗餐厅拟定了一个宣传主题——没有距离的世界，并据此开拓了"黑暗求婚""黑暗聚会"等一系列用餐新项目，大受欢迎。

为了让餐厅更加独树一帜，陈龙没有就此满足，而是不断挖掘新的创意。一天，他和女友去看美国老电影《人鬼情未了》，剧中男女主角相拥制作陶艺的浪漫场景让他眼前一亮：何不在餐厅也设置这样的陶艺制作坊，让顾客DIY自己喜欢的工艺品？

很快，黑暗餐厅推出了"黑暗陶艺"项目，获得巨大成功。此后，陈龙又相继推出了"都市黑暗沙龙""黑暗话剧"等体验项目，这些项目很快成为年轻人的时尚。

开业仅一年，陈龙的黑暗餐厅就在北京、上海、长沙等城市开设了6家分店。

可以说，"黑暗餐厅"是一项非常成功的创意。一般人想不到在黑暗的环境中也能吃饭，可陈龙打破了人们的惯性思维，逆向而行创造出一种绝无仅有的体验。正是他的大胆探索和不断创新，让黑暗变成人们喜爱的奇妙世界，也为他赢得了成功与财富。

# 裁缝的智慧

在英国伦敦的一个小镇上，坐着轮椅的残疾小伙子瑞里斯专门靠一台缝纫机帮别人缝补衣服维持生活。可是，随着人们生活水平的提高，很少会有人光顾他，因为他们都把破的衣服直接扔掉或者捐给一些灾区。正当瑞里斯为此发愁的时候，他看到了一个不错的商机。

一次，一位西装革履的中年人来到瑞里斯的小摊前。瑞里斯热情地同他打了招呼，然后问他有什么需要帮忙的。中年人显然有些不好意思，他掏出一件牛仔马夹，说："这是我很喜欢的一件休闲衣服，虽然是名牌，因为穿的时间太久，加上每次拿去干洗时都被熨烫过，所以领子中间的部位磨损得很厉害。除了领子，这件衣服其他地方都完好，我很舍不得扔掉。所以请你帮我看看有没有办法缝补，让它的领子看起来跟原来的一样新？"

接过马夹，瑞里斯细细查看起来。说实在，这样的破损他见得比较多，但多半都无法修补，即使有的可以缝补，也几乎恢复不到原来的样子。有谁愿意让一件名牌衣服留下被缝补的痕迹？瑞里斯刚想跟顾客说明，却看见了他期待的眼神。于是他回复："好吧先生，给我两天时间想想办法，我答应您把它缝补到最完美的样子。"顾客连连感谢。

晚上回到家里，瑞里斯又翻出了那名顾客的马夹。他在心里盘算着，就算自己的技术再好，恐怕也很难让别人看不出领子被缝补过。就在这个时候，瑞里斯5岁的女儿急急走过来，然后向他求助："爸爸，我把一张最喜欢的图片撕破了，该怎么办？"

"那就用胶带把它粘起来，宝贝。但要记得，把胶带粘在图片的反面，这样你从正面看起来，就没有什么痕迹了。"瑞里斯随口教起女儿。

女儿欢天喜地走开了。

　　想着刚才给女儿解决的问题，瑞里斯突然得到了启发：图画有正反两面，而衣服的领子不仅有正反面，还有双层，我何不把整个领子翻一面过来，让原本藏在下面的一层取代破损的那面？瑞里斯急忙拿出马夹。他发现马夹的整个领子完全是缝着的，想要拆卸下来再缝上一点困难也没有。他把领子沿线拆了下来，然后把破损的一面先缝补好。之后，他翻了一面，把整个领子再缝到衣服上。

　　这一切做完之后，瑞里斯细细看了一遍马夹。太完美了，它就跟刚买的一样新！第二天一早，瑞里斯高兴地转着轮椅把马夹亲自送到了那名中年顾客的住所。

　　听完瑞里斯的创意，又看到如此完美的衣服，中年顾客满意极了，连声道谢。为了表示感激，中年顾客付给瑞里斯一笔不菲的酬金。更关键的是，他把瑞里斯介绍给了这片住宅区里所有的富豪们。让人觉得不可思议的是，富豪的妻子们听说之后纷纷拿出一堆衣服，说需要瑞里斯帮忙。

　　原来，这些富豪经常遇到跟那名中年男子一样的困惑：名牌衣服的领子总会先磨损掉。为了面子，他们不敢穿，但也舍不得扔。现在好了，瑞里斯的技术可以延长这些衣服好几年的寿命了。

　　从这之后，瑞里斯一直都奔忙于富豪之间，收入非常可观。是意外让瑞里斯发现了商机？不，应该是他的用心让他找到了这个商机。

# 不按规矩出牌的贺卡

在日本，互寄新年贺卡是一件非常重要和神圣的事情，新年来临之际，人们基本上都会到邮局购买一些有奖贺卡——邮票和贺卡编号全印在同一个平面上。这样当你邮寄出一张贺卡时，也就等于同时邮寄出一张奖券给对方。如果收卡人中奖了，就会得到小至一台收音机，一辆自行车，大至一台彩电，一辆轿车的奖品。每年，新年贺卡销售都能产生上千万美元的利润。

但这项买卖一直被日本各地的邮局垄断着，因为只有它们才有邮票发行权。后来，有一家叫博报堂的日本广告公司，其总裁杉木之幸想到了一个打破邮局垄断的好办法，也想从中分得一杯羹。但博报堂没有发行邮票的权力，它们又是怎么让寄卡人来找自己呢？

杉木是这样做的，他先在网上展开大规模的宣传，称博报堂所有的有奖贺卡都是免费给寄卡人的，寄卡人不仅不需要去邮局买贺卡，也不需要付任何邮寄费，只要来博报堂选就行了，然后填上要收卡人和你自己的联系方式即可。

但免费还不是吸引人们去选寄博报堂贺卡的最大动力，因为贺卡本身并不太贵。为此，杉木还承诺，如果收到贺卡的人中了奖，不管是大奖还是小奖，寄卡的人也会得到同样的一份奖品。

也就是说，寄卡的人寄得越多，收卡的人就越高兴，因为他们中奖的概率就会越大，当然寄卡人自己也是。

既不需要花一分钱，还有可能中奖，此方法一出，立即在日本引起巨大的轰动，以至于每5个日本人中就有1个人收到或给别人寄过一张博报堂的新年贺卡。

那么杉木的盈利点又在哪儿？因为贺卡和奖品都是需要成本的，答案是广告！因为在博报堂的每张贺卡上都有广告位，由于博报堂贺卡的发行量巨大，而且传递的是一种情感和关怀，因此极易被人们珍藏着。因而，第二年，很多商家轻易就被杉木说动了，愿意付出不菲的价格在贺卡发布广告，这让博报堂每年有近亿美元的收入。

打破市场垄断者的最好方式就是不按对方设定的规矩出牌，独闯出一种完全不同于它的新方法。

# 对浪费说"再见"

史蒂文·费尔顿在英国伦敦经营一家印刷公司。2013年下半年开始，不少客户像往年一样找到史蒂文，请他帮忙印刷圣诞节的包装纸。不过，史蒂文今年接的单子数量远不如往年。作为印刷公司的老板，史蒂文心里很清楚，纸张的浪费是个大问题，所以客户们都不敢预订太多。

其实，史蒂文的心里一直很矛盾。作为公司老板，他当然希望客户多订包装纸，但作为一个环保人士，他则希望人们少浪费纸张。为了这个矛盾，史蒂文曾经想过改行，妻子却劝他："我们印刷的纸张多，不一定就代表人们浪费的多，因为纸张会不会被浪费，关键要看使用的人怎么去处理它。"史蒂文想想也觉得有道理，但他一直希望自己能为环保出一点力。可喜的是，他很快就从一件事情中得到了灵感。

一个周末，史蒂文待在家中的后花园，和妻子伯莎、女儿温迪一起种植蔬菜。忙着忙着，7岁的温迪就大喊起来："快来快来！这里有几株红辣椒！"史蒂文和伯莎一看，果然，花园的一处角落里，几株红辣椒树正精神抖擞地立在那儿。

史蒂文觉得奇怪：没有种红辣椒，怎么会长出来呢？伯莎想了一会说："我记起来了！前段时间，一个朋友托我购买一些辣椒种子，她来取时我们就站在后花园。当时，她拿出罐子装走了辣椒种子，我则把原来的包装纸随手丢弃在这里了！"

史蒂文俯身一看，果然在辣椒树的旁边发现了一截未被埋进土里的包装纸。"哇，真神奇！要是所有的纸张被种进土里都能长出蔬菜，那就太棒了！"温迪的这句话给史蒂文提了一个醒：我为什么不把蔬菜种子镶嵌在圣诞包装纸里，让大家使用后播种到土里？那样，既可以收获到蔬菜，也能对浪费说一声"再见"了。

史蒂文第二天就开始实施这个计划。他选用百分之百的再生纸，油墨也都是以植物原料为基础。至于种子，他特别选用了胡萝卜、西红柿、西兰花、红辣椒和洋葱这5种蔬菜种子，因为它们的个头都极其微小。为了便于识别，史蒂文把5种蔬菜的图片印刷在包装纸外面；而他在印刷时给每张纸里均匀嵌上700粒左右的种子。在整个印刷过程中，史蒂文都没有使用胶水和其他有害物质，所以这种纸张不会对土壤造成伤害。

经过一两个月的反复研究和试验，史蒂文成功印刷出镶嵌有种子的包装纸。种子包装纸只比一般包装纸贵一点，环保性和实用性却强多了，所以客户得知之后纷纷向史蒂文订购。2013年11月开始，各类圣诞包装纸进入英国市民的视野，其中，史蒂文的种子包装纸最吸引人们的眼球。人们纷纷赞叹史蒂文："种子包装纸的确别出心裁，用这种纸张包装礼物，就像用一份礼物包裹着另一份礼物。最棒的是，我们种下纸张，就能收获蔬菜！"

当然，最兴奋的还是史蒂文，因为他不仅从种子包装纸里掘到了一个巨大的商机，还让每个使用者多了一份体贴地球的心意。他决定，等印刷技术更成熟时，就让公司推出药草、水果和野花等各个种类的种子包装纸。

# 酒店的鹦鹉员工

英国伦敦郊区有一家酒店叫汉诺酒店，生意兴隆，门庭若市，老板是个理财专家，加上老板夫人经营有方，一时间声名鹊起，成为伦敦郊区首屈一指的龙头酒店。

一只调皮的鹦鹉，不知从何方来，却在酒店的树枝上栖居下来，每天凌晨与傍晚时分，会对每一位出入酒店的人员说客套话。这只鹦鹉简直成了酒店的亮点，许多顾客以为这是老板的巧妙安排，口耳相传后，鹦鹉竟然逐渐成了揽客的主要元素，能够在凌晨时分听到鹦鹉的问候语，成为入住这儿每位顾客的必修课。

鹦鹉不请自到，它的作息时间十分精准，会于每天早上六点钟到来，八点许离去，晚饭时也会待了两个时辰。它表演时，几乎所有的顾客倾巢而出，端着饭碗，端着酒杯的人群不由自主地集中在天井当院的一座矮树前面，与鹦鹉认真和谐地对话，而鹦鹉往往不负众望，每天的问候语都会更新，包括英国新任首相是谁？他都可以如数家珍。

老板夫人舍里对这只鹦鹉的到来感到十分新奇，但它并不恶意，并且为自己带来了滚滚财源，因此，她并不阻拦，而是悉听尊便。

半年后的一天，大家起床时，并没有习惯性地听到鹦鹉可爱的问候语，鹦鹉不翼而飞。这本无可厚非，鹦鹉本身就不是酒店的一名员工，它有自由与选择权。但这却影响了酒店的生意，许多回头客与新顾客，早已经将鹦鹉视作酒店的一部分，如果没有鹦鹉的加盟，酒店失去了活力。没有多长时间，酒店生意门可罗雀起来。

寻找鹦鹉，成了酒店所有员工的首要政治任务。

老板与老板夫人亲自出动，到处寻找这只伟大鹦鹉的所在。

关于鹦鹉传奇色彩的故事也不胫而走，这只神奇的鹦鹉，不仅可以给大家带来欢乐，更可以招徕顾客，简直就是财神爷再世。

汉诺酒店的隔壁，住着一位落魄的动物学家切丝，他平日的爱好便是收藏鹦鹉，他十分勤恳地教鹦鹉说话，但却无法找到生财之道。有一日早晨，他突发奇想地开始训练其中一只鹦鹉到汉诺酒店当一名员工，待收到奇效后，他突然将鹦鹉关了起来。

舍里很快找到了鹦鹉的主人，双方很快谈拢了交易，舍里给鹦鹉开工资，报酬是每一小时400欧元，过去的六个月，全部按照满勤计算薪水。

这还不说，切丝收藏的一百多只鹦鹉，很快被闻讯而来的各大机构签了租赁合同，一百多只鹦鹉，都要经过切丝严格的训教后，分布到学校、宾馆、医院，甚至一些政府机构的大院里，条件是每小时按照400欧元为鹦鹉开具足额的工资。

在学校里，鹦鹉会准确地提醒学生们安全注意事项；在医院里，一只鹦鹉的到来，使病人增加了生存下去的勇气与希望；在政府机关里，鹦鹉可以为烦躁的工作带来生机。现代都市人，缺乏的正是鹦鹉那种嘘寒问暖的勇气与力量。

据粗略计算，切丝每月的收入大概在400万欧元，并且所有的食品均来自使用部门的免费提供，切丝毫无风险，可以说是一本万利。

《伦敦时报》这样评价一个落魄仔的成功理念：

不需宣传，一个出奇不易的理念便可以赢得口碑；无须复制，创新才是成功与否的关键。

# 橘子花开了

　　他是个快递小子，20岁出头，其貌不扬，还戴着厚厚的眼镜，一看就知道刚做这行，竟然穿了西装打着领带，皮鞋也擦得很亮。说话时，脸会微微地红，有些羞涩，不像他的那些同行，穿着休闲装平底鞋，方便楼上楼下地跑，而且个个能说会道……

　　几乎每天都有一些快递小子敲门，有些是接送快递的物品，但大多是来送名片，宣传业务。

　　现在的快递公司很多，也确实很方便，平常公事私事都离不开他们。所以他们送来的名片，我们都会留下，顺手塞进抽屉里，用的时候随便抽一张，不管张三李四，打个电话，很快就会过来一个穿着球鞋背着大包的男孩子……

　　那次他是第一次来，也是送名片。只说了几句话，说自己是哪家公司的，然后认真地用双手放下名片就走了。皮鞋踩在楼道的地板上发出清脆的响声。有同事说，这个傻小子，穿皮鞋送快件，也不怕累。

　　几天后又见到他。接了他名片的同事有信函要发，兴许丁军辉的名片在最上面，就给他打了电话。电话打过去，十几分钟的样子，他便过来了。还是穿了皮鞋，说话还是有些紧张。

　　单子填完，他慎重地看了好几遍才说了谢谢，收费找零，零钱，谨慎地用双手递过去，好像完成一个很庄重的交接仪式。

　　因为他的厚眼镜他的西装革履，他的沉默他的谨慎，就下意识地记住了他。隔了几天给家人寄东西，就跟同事要了他的电话。

　　他很快过来，仔细地把东西收好，带走。没隔几天，又送过几次快件过来。

刚做不久的缘故，他确实要认真许多，要确认签收人的身份，又等着接收后打开，看其中的物品是否有误，然后才走。所以他接送一个快件，花的时间比其他人要多一些，由此推算，他赚的钱不会太多。觉得这个行业，真不是他这样的笨小子能做好的。

## 快递小子送来了橘子

转眼到了"五一"，放假前一天快中午的时候，听到楼道传来清晰的脚步声，随后有人敲门。

竟然是他，丁军辉。他换了件浅颜色的西装，皮鞋依旧很亮。手里提着一袋红红的橘子，进了门没说话，脸就红了。

是你啊？同事说。有我们的快件吗？他摇头，把橘子放到茶几上，看起来很不好意思，说，我的第一份业务，是在这里拿到的。我给大家送点水果，谢谢你们照顾我的工作，也祝大家劳动节快乐。

这是印象中他说得最长的一句话，好像事先演练过，很流畅。

我们都有些不好意思起来，这么长时间，还没有任何有工作关系的人来给我们送礼物呢，而他，只是一个凭自己努力吃饭的快递小子，也只是无意让他接了几次活，实在谈不上谁照顾谁。

他却执意把橘子留下来，并很快道别转身就出了门。

应该是街边小摊上的水果，橘子个头都不大，味道还有一点儿酸涩。可是我们谁也没有说一句挑剔的话。半天，有人说道，这小子，倒笨得挺有人情味的。

## 听领导的话当然要认真

也许因为他的橘子、他的人情味，再有快递的信件和物品，整个办公室的人都会打电话找他。还顺带着把他推荐给了其他部门。

丁军辉朝我们这里跑得明显勤了，有时一天跑了四趟。

这样频繁地接触，大家也慢慢熟悉起来。丁军辉在很热的天气里也要穿着衬衣，大多是白色的，领口扣得很整齐。始终穿皮鞋，从来都不随意。有次同事跟他开玩笑说，你老穿这么规矩，一点不像送快递的，倒像卖保险的。

他认真地说，卖保险都穿那么认真，送快递的怎么就不能？我刚培训时，领导说，去见客户一定要衣衫整洁，这是对对方最起码的尊重，也是对我们职业的尊重。

同事继续打趣他，对领导的话你就这么认真听啊？

听领导的话当然要认真，他根本不介意同事是调侃他，依旧这样认真地解释。

我们又笑，他大概是这行里最听话的员工吧？这么简单的工作，他做得比别人辛苦多了，可这样的辛苦，最后能得到什么呢？他好像做得越来越信心百倍，我们的态度却不乐观，觉得他这么笨的人，想发展不太容易。

## 他竟然是个中专生

果然，丁军辉的快递生涯一干就是两年。

两年里他除去换了一副眼镜，衣着和言行基本上没有变化。工作态度依旧认真，从来没听到他有什么抱怨。

那天我打电话让他来取东西。我的大学同窗在一所中专学校任教，"十一"结婚，我有礼物送她。

填完单子，丁军辉核对时冷不丁地说，啊，是我念书的学校。他的声音很大，把我吓了一跳。他又说，我也是在那里毕业的。

这次我听明白了，不由抬起头来，有些吃惊地看着他。你也在那里上过学吗？

可能那个地址让他有些兴奋，一连串地说，是啊是啊，我是学财会的，2004年刚毕业。

天！这个其貌不扬的快递小子，竟然是个正规学校的中专生。

我忍不住问他，你有学历也有专业特长，怎么不找其他工作？

面对这样的询问，他有些不好意思，说，当时没以为专业适合的工作那么难找，找了几个月才发现实在太难了。我家在农村，挺穷的，家里供我念完书就不错了，哪能再跟他们要钱。正好快递公司招快递员，我就去了。干着干着觉得也挺好的……

那你当初学的知识不都浪费了？我还是替他惋惜。

不会啊。送快递也需要有好的统筹才会提高效率，比如把客户根据不同的地域、不同的业务类型明细分类，业务多的客户一般送什么，送到哪里，私人的如何送……通常看到客户电话，就知道他的具体位置，大概送什么，需要带多大的箱子……他嘻嘻地笑，知识哪有白学的？

我真对他有些另眼相看了，没想到笨笨的他这么有心，而他的话，也真有着深刻的道理。

认真的橘子开花了

转眼又到了"五一"，节前总会有往来的物品，那天给丁军辉打电话来取东西，电话是他接的，来的却是另外一个更年轻的男孩。说，我是快递公司的，丁主管要我来拿东西。

我愣了一下，转念明白过来。说，丁军辉当主管了？

是啊。男孩说，年底就去南宁当分公司的经理了。都宣布了。

男孩和丁军辉明显不一样，有些自来熟，话很多，不等我们问，就说，上次公司会议上宣布的，提升的理由好几条呢：他是公司唯一干得最长的快递员，是唯一有学历的快递员，是唯一坚持穿西装的快递员，是唯一建立客户档案的快递员，是唯一没有接到客户投诉的快递员……

男孩絮絮叨叨说了半天，才把我要发的物件拿走。因为丁军辉的事，那天，我心里感到由衷的高兴。

当天下午，丁军辉的快递公司送来同城快件，是一箱进口的橙子。虽然没有卡片没有留言，我们都知道是他送的。拆开后每人分了几个放到桌上。

橙子很大，色泽鲜艳，味道甜美。隔着这些漂亮的橙子，我却看了那些小小的橘子。它们，是那些小橘子开出的花吗？

我终于相信了，认真是有力量的，那种力量，足以让小小的青涩橘子开出花来。

# 绝路背后是光明

上帝关闭了一扇窗，必定为你打开另一扇窗。禁止是一种开启，就是这样一种道理。

浙江省富阳区庄家村里的人已经有好多年不下地种庄稼了，因为那儿到处是竹子，那儿的人就砍了山上的嫩竹来做宣纸，村上的100多户都这样，日子过得倒也殷实。可有一天上面来人了，下了一纸禁令：不准村里人再上山砍竹子，理由是要维护生态平衡。

不准砍竹子，村里的造纸作坊没有原料就得关门，而有些人就会没有生活来源了。因为一代又一代人造纸，庄稼活儿的技术已经失传了。村里有一个叫庄仕泉的脑子特别活络，他说：我正懒得造纸了呢！原来他的一个表兄在外地做卷帘门生意，已是腰缠万贯，几次三番邀请他和哥哥一起去做，这不，他和哥哥就可去了。可哥哥庄富泉并不这么想：我们有门路去做卷帘门生意，那村里100多户作坊的人怎么办？再说，村上祖传下来的造宣纸这门绝活不就丢了。

如何让造宣纸不致中断在他们手里，庄富泉想，普通的纸不也用草造吗，宣纸为什么就不能用草造呢？他想的是，上面禁止了竹林，可那里还有广阔的草林啊！然而，他试了一种又一种草，可就是生产不出宣纸。

那天，下了一场雨，雨一停，心急的他就去寻找能制作宣纸的草去了。跑了一座又一座山，人有些累了，他想抽了一支烟再接着去找。刚拿出一支烟，"滴答"，树上一滴水滴了下来，不偏不倚滴落在了他手中的烟上，那水很快就在烟纸上洇开了，这烟纸吸水迅速、均匀，一点也不比宣纸差。他高兴得一击掌：这可有办法了！

第二天，他就跑到专门为卷烟厂供应烟纸的浙江华丰造纸厂去一探究竟。华丰的人告诉他，那用的是龙须草。回去后他开始夜以继日地试制起来。几个月过去了，堪与竹制宣纸媲美的龙须草宣纸终于造出来了。人们都说，这宣纸韧而能润、光而不滑、洁白稠密、纹理纯净、搓折无损、润墨性强，是谓上等的宣纸。

正在他踌躇满志，要大干一场时，可上面又来人了，对他说，他的这一个造纸厂也得关闭。他愣住了，难道不砍竹子也不行？当来人向他说明了缘由后，他觉得也是这个理。因为用龙须草制作宣纸，需要用更多的烧碱，造成对环境极大的污染。目前尚只是小规模，如果规模扩大，对环境的危害就更大了。许多人都劝他放弃算了，可他认为用龙须草制作宣纸，原料成本低，纸的质量好，有着广阔的前景。

这时，有许多工人纷纷要离去。原来，传统的手工造宣纸不仅是一个力气活，而且也是环境恶劣的活，冬天因为纸槽会结冰，工人的手会皲裂出一个个大血口子；夏天晒纸工房内的温度高达80~100℃，滚滚热浪让人难耐。而用龙须草造纸环境会更酷烈。

这时有一件事触动了他，他接到过邮政局的一笔订单，要他用宣纸制作一批信封，因为自己没有切割机，他只好求助于人，结果规格弄错了，造成不小的损失。他想，自己吃亏在于没有机器。这时倒让他眼前一亮：何以不能用机器代替手工制作宣纸呢？如此，既可以大量减少烧碱的运用消除环境污染，也可将工人从恶劣的生产环境中解脱出来。他为自己的想法感到高兴。可他很快又犯起愁来：哪里去找懂得造宣纸机器的人呢？再说，国内压根就没有用机器造宣纸的先例，即便是日本、韩国这样技术领先的国家，也不能用机器造出完全合格的宣纸。

弟弟庄仕泉觉得哥哥这一个坎真是难以迈过去了，对他说，我做卷帘门生意已赚了上百万元，给一些钱你做本钱，不要再在造宣纸上折腾了。可他摇了摇头，说："我一定要用机器造出优质的宣纸。"

从未学过机械的他硬是啃起了厚厚的机械专门书籍。在掌握了一定的机械知识后，他买来了普通的造纸机器，他要进行改造了。不久后，他改造的宣纸机就投入使用了。纸是造出来了，但这种纸让试用的书画家们直摇头，只因为机器生产出来的宣纸带有一种线形纹路，影响了书画效果。

他对照过去手工制作的程序在流水线上一个一个环节找原因，看哪一道工序生产出来的东西与用手工制作出来的不一样，他就对哪一台机器进行改进，就这样他终于将每一环节的机器改造得俯首帖耳。最后，他还将先前的干压改为湿压，机制宣纸也就远远好过了手工制作的纸。

53岁的他成为国内第一家掌握机械制造宣纸技术的专业人员，他的机制宣纸不仅质优，而且价格低廉，海内外的订单纷至沓来。庄富泉这个名字也因此被列入第一批国家级非物质文化遗产项目226名代表性传承人名单。

禁止，对于一些墨守成规、不思变通的人来说，那只是一条死路或者歧途；而对于一个敢于创新、开拓进取的人来说，那反倒是一种更大的希望，因为，它禁掉的是落后与逼仄，开启的是一条宽敞的大道，让你的人生尽情驰骋……

# 狡猾的阿洪

我在汽车销售公司一干就是5年，工资却从来没涨过，刚来的时候每月2000元，到现在还是这个数。眼看着物价也越来越离谱，我的收入却依然"稳定"。不行，我要找老板谈一谈，大不了跳槽走人！

下班后，我气呼呼地来到老板办公室。他正在写材料，抬头看我一眼，说："请坐！小张，你的脸色可不太好。"

我愤愤道："当然不好，猪肉又涨价了，你知道吗？"

他停下手里的工作，说："你是不是想去养猪？"

他猜到了我要跳槽的心思，果然很狡猾。

我坐在他对面，说："我不能抢农民兄弟的饭碗，但如果收入都快吃不起猪肉了，那我只好考虑换个工作。"

他呷一口茶，说："看来你是嫌薪水低。"

"老板，我有整整5年的工作经验，为什么我的工资却只是阿洪的一半？"

他耐心地说："虽然你有5年的工作经验，但这5年来，你只有一种经验，那就是顾客来的时候你说'欢迎光临'，顾客走的时候你再说'欢迎再来'。"

"那我能说什么？我说'你别再来了'行吗？我上大学营销课时，老师就是这样教的。"

"阿洪跟你是同学，你注意到他是怎么销售的吗？他可比你灵活多变，顾客来的时候，他总是满面笑容。"

"那有什么，我也是露8颗牙微笑的。你看我这腮帮子，工作5年都挤出皱纹来了。"

"可他笑得比你灿烂，他笑的时候，不只露出8颗牙。"

"他嘴大，我跟他是比不了。"

"顾客来的时候，他会笑着说：'这位客户好模样，天庭饱满，地阁方圆，一表富贵。'"

我不屑道："他就会拍马屁，我们上大学时，他见了谁都是这两句，像个江湖算卦的骗子。"

"可你从来没说过类似恭维人的话。"

"我嫌肉麻，卖车就说车好了，扯那么远干吗？"

"可是顾客爱听。再比如他总是送前来看车的每位顾客一个车型钥匙坠，上面印着他的销售电话。你知道他是从哪里搞来的吗？"

"肯定是从小商品市场批发来的，1元钱3个那种。"

"不，是他自费从厂家专门订购的。他真是一个有心人。"

"没什么了不起的，雕虫小技而已。"

"可你没做到。还有，如果有小姐来看车，他会满面春风地说：'啊，小姐，你真漂亮，我猜你一定是射手座。'这时小姐就会笑起来……"

"哼，他上大学的时候，就是'色眯眯'的，很会讨女孩子喜欢。"

"你听我把话说完。小姐们然后就会说：'你猜错了，我是白羊座。'阿洪接着说：'白羊座的女人热情大方，非常友善。小姐，如果你愿意告诉我你的生日是哪一天，那么到时候你就会收到我们公司送出的一份很神秘的礼物。'女人最喜欢神秘，于是就会乖乖地告诉他自己的生日和电话，他就有了一位潜在的客户。要知道那份礼物也是他自己掏钱买的。但这些小姐中只要有一人买了他的汽车，那么这礼物的钱他就能赚回来，并绰绰有余。"

"我不得不承认，他是有点狡猾。"

老板继续说："他类似这样的小伎俩其实还很多。你看他上班，总戴一顶红色的小丑帽，挺滑稽。殊不知他这形象一下子就能拉近与顾客的距离，大家会觉得他很有亲和力。而你呢？只会露8颗牙，手段十分单一，5年前是这样，5年后依然没有改变。"

我哑口无言了。

"在咱们公司，阿洪的销售业绩总是第一名，所以他的薪水当然要比你高出一倍。就这样我还时常担心他会嫌钱少跳槽呢，而对你我却从来没有过这种担心，你想你的薪水怎么可能涨上去？我真希望你也能变成一位让我担心跳槽的销售员，那该多好。"

我惭愧地站起身说："再见老板，先让我回家好好想一想。"

# 会动脑筋的的哥

蒋烨在杭州开了十多年出租车，是个挺潮的司机，开车时蓝牙耳机不离耳，两只手机不离身，一个接电话，一个上网。就连他招揽生意的方式也很独特——聊微信，织"围脖"，通过微信和微博做生意。

蒋烨2011年6月份由夜班转开白班，当时白班生意不好做，所以蒋烨想到在网络上找客人的点子。开始蒋烨只是在网上发布一些简单的约车信息。没想到信息发出后没多久，就有生意找上门来。

尝到甜头，蒋烨很快就换了一款新手机，身边很多的哥连网都不会上呢，他却要尝试更新潮的办法——微信。蒋烨的微信叫"杭州预约出租车微信群"，一看就知道是预约出租车的，直接、简单，效果也出奇地好。

喜欢在网上预约出租车的大多是年轻人，比如留学生、经常加班的白领、奔波在机场和办公室的金领，因为需要频繁用车，他们无一例外都成了蒋烨的回头客。

后来蒋烨还学会了用定位查找附近的网友，因为主动、热情又诚恳，很快就有一些微信网友主动联系他。蒋烨存着上百个通过微信找到他的乘客号码。

后来，蒋烨还在客户的建议下在新浪开通了微博"杭州出租车预约"，因为新奇的名称、每次约车费用不低于50元的要求和老客户的友情转发宣传，这个微博很快就吸引了众多粉丝。

如今蒋烨一个月的收入已经上万了，成了名副其实的"万元的哥"。我们来看看他一天的生意是怎么做的：

前一天晚上他接到乘客约车去机场。早上6点35分接上乘客，去萧山机场花了一个多小时，车费大约160元。从机场回来时接了一趟生意去市区，50多元。也就是说，一些的哥早上8点上班的时候，蒋师傅已经有200多元的营业收入了。

回到市区，他开始和普通的哥一样"扫马路"做生意。大约12点左右，他又接到一个乘客打来的电话，说要从三墩去省公安厅。把乘客送到目的地，车费是54元。送完乘客，他吃了一碗面。没过多久，又接到前面那个乘客办完事要回去的电话。接下来，再继续"扫马路"，一直到交班。

蒋师傅毛估了一下，从早上6点35分开始到下午4点半，他一天的营业额有700多元。除去油费和班费，能赚三四百元。

生意多了就会碰到麻烦：万一在同一时段之内接到两个预约，该怎么办？

问题升级，蒋烨的观念也在更新，在他的带动下，身边很多司机也学会了手机上网，于是蒋烨建了一个微信车队：10个的哥，8个白班，2个统班，每个司机都有自己的代号。

"平时大家靠微信联系，无论谁有生意忙不过来，都会在微信上喊一下，谁有空或者谁在附近，就会马上在微信上答复。"

车队是团体合作，互相介绍生意。大家在做生意时都会给乘客派名片，上面有电话、微信号、微博。知道的人多了，基数增大，生意的雪球自然而然越滚越大。

# 选择
# 自己的人生

## 3

没有人可以选择出身，
但每个人都有权利选择人生。

# 选择自己的人生

　　没有人知道他那段时间过得有多艰难，过早进入社会的他习惯了很多事情独自承受，习惯了坚持隐忍。什么时候见他都能让人感到开心，他总是很乐观，心怀目标。当我像大多数大学生一样，每天按自己的喜好吃饭睡觉上课，漫无目的地混日子时，从没有过多地考虑过他是怎么样生活的，只知道这哥们挣钱了有工作了，有时候周末有时间还会带我出去吃好的。

　　我上大二时，他好一段时间没有联系我，我偶然想起来了，才给他打了个电话，却一直没人接。我想着他能有什么事，估计又加班了，闲了就会找我的。后来才知道，他出了点意外，现在想想都觉得后怕。

　　2009年刚过完春节，经过年前长时间的对比，他终于选好一所培训机构准备报名，学费是7000元。虽说已经工作3年，他仍然没什么积蓄。朋友的倾力相助，再加上姐姐也一直不希望他就这么干下去，使得筹学费的事省了不少心。在我，是从来没听过学费可以分期付款的，开始上课前他只筹到一部分，剩下的基本是每个月一发工资，去上课时就交一部分，留下一些生活的基本费用。有时候遇上个什么事，缺钱就得死扛。

　　"那都没什么，我当时就觉得只要我努力，我坚持下来，以后一定会好起来的。"

　　2009年3月15日，他开始了一边上班一边上学的日子。因为还要工作，他报的晚班，晚上19点到20点30是老师上课，8点30到10点是自习时间。他买了一辆二手自行车，开始辗转于工地和学校。

　　改变很难，从头开始更难。那时候上晚班有十几个同学，干什么的都有，包括大学生高中生社会青年。他每天一下班，赶紧换身衣服就往培训学校赶，一去就赶紧先自己学。最头疼的是有很多设计软件是英文版的，他那初中水平根本应付不了，那段时间还老用短信发个单词问我，有的我也不认识，还以为他故意刁难我，就觉得生气，现在想想真是惭愧。

更让他难堪的是有时候工作太忙遇上加班，都没时间换衣服，只能直接穿着工作服赶过去，浑身脏兮兮的都不好意思进去，就一直站在外面等，快上课才悄悄坐后面。有时候实在太累了，坐那听课，听着听着睡着了自己都不知道，只能下课走的时候找老师把课件拷了，回去再看。每天上完课回去自己随便下点面，吃了稍微收拾一下就又开始接着学习。

"那会儿还搞笑的是，我下载一些英语单词放到MP4里，边骑车边听单词，晚上没有注意到红灯，快11点了，跟一辆右拐的车撞了，把自行车都撞变形了，本来也是我的错，大晚上司机不愿意惹事就直接走了。当时我还有意识，想到不远就有医院，就自己过去了，不过钱没带够，缝针要400，兜里就100来块钱，又灰溜溜地出来了，到对面一个社区医院上了点药。大半夜想打车都打不上，司机一看我满脸是血，都以为我是打架的，根本没人敢拉。"事情过了好久，他才这么跟我说，依旧是乐呵呵的，就跟在说别人的事一样。听得我后背一阵一阵发凉。那时他还惦记着第二天上班上课的事，赶紧和一位关系好的同学商量，直到那位同学答应礼拜天帮他辅导课程才安心。

"你知道我为什么不愿意刮胡子吗？上次磕碰到嘴唇上面了，一直有个疤，从那以后就不爱刮胡子了，久而久之就不习惯刮胡子了。"听这话的时候，我怎么也想象不出那副落寞的表情会出现在这张过早成熟的脸上。

他是高中读了一年之后，从学校出来去征兵没选上，就经人介绍走向了工厂流水线。事后他总是不在乎地跟我说："在厂里，刚开始学的时候也不是特别苦，先去当搬运工，送货，锻炼力气。出去送货，有时候运气不好，碰到没有电梯的，干活用的预制板就得一块一块往上背，夏天还好，冬天送一趟货下来全身都湿了。干完活，身上全是灰，先找个没人的地方把衣服脱下来，抖抖灰尘。不是为干净，是为了能上公交车，谁让我全身是土呢？别人看我的眼神都不对。"

有的客户很挑剔，不小心蹭一点都不行，不管你有多累，磕坏了就骂骂咧咧的，他也只能尽量把活干得漂亮，就算没有一句谢谢，没有一瓶水。不过他还是很乐呵地跟我说："也有的开着好车送我们回来，请我们吃饭的，还有骑自行车带我们，给我们送水的……"

有次干活，他一只手按着板子，一只手拿刀子划，一不小心就划到左手上了，食指几乎半个指甲盖都没有了，还不敢跟老板请假，一是怕扣工资，二是怕老板，觉得你这人怎么啥都干不了。最后只能自己先拿卫生纸包着，下班都晚上11点了，才赶紧回租住屋附近村里的卫生站包扎。第二天伤口都肿了，去请假，领导来了句轻伤不下火线。没办法，不想丢工作就还得坚持。

"可我还年轻，我不会一辈子都干这个，第一份工作确实给我上了不少课，这是哪所学校都学不到的，教会我干什么都应该做到：不傲气，不挑拣，咬紧牙关，没有过不去的坎。"

从培训学校正式结业后，他辞掉原来的工作，顺利找到新工作。他坚持"不挑剔不傲气"，一步一步走到现在，如今在一家大的电力公司负责市场宣传和杂志设计，每天西装革履代替了一身灰尘的工作服，也在写字楼里拥有了自己的小隔间。

没有人可以选择出身，但每个人都有权利选择人生。

# 选择风险最低的工作

几年前，郝妮也像其他同学一样捧着一大堆花花绿绿的证书在各种各样的招聘会上穿梭着。就在大家挤破脑袋，把吃奶的劲儿都使出来向着那些待遇不错的岗位发起进攻时，郝妮却做出了一个让所有人都大吃一惊的决定——在接到几家用人单位的面试通知之后，郝妮到几家单位去看了看，回来后，这个学物流专业的女孩子居然选了一个待遇很低的文字录入的工作。这是一家食品公司，工资很低，专业也不对口。好朋友知道郝妮的决定之后，摸着她的脑袋，瞪大眼睛问她："你脑袋也不热啊！怎么做了这么一个不明智的决定？"

郝妮笑着告诉对方，自己看了几家公司之后，发现其他的职位的竞争都是非常的激烈，即使能进入公司，也很容易被淘汰出来。而文字录入的工作虽然报酬差强人意，可是自己常年上网聊天练出来的飞快地打字速度却比竞争者们有着明显的优势，很容易在这个岗位站稳脚跟。而且，在其他单位实习的时间很长，不像文字录入这个岗位，很快就能转正，可以拿到正式工资，虽然报酬不高，可也为以后的职场之路打下了基础。正因为这个岗位被辞掉的风险最低，郝妮才舍弃了其他的机会。朋友眼看着无法说服郝妮，叹息着离开了，继续投入到求职的大军之中。

郝妮来到公司上班之后，很快就适应了自己的工作。当同学们还在天南海北找工作的时候，郝妮已经转正拿到了正式工资。就这样，郝妮在这家不大的食品公司里兢兢业业地做着自己的工作。随着时间的推移，郝妮渐渐融入同事们的圈子之中。以前的同学有不少工作还没有着落，大家聚在一起唉声叹气的时候，郝妮则忙得不亦乐乎。时间就这样在忙碌的工作中飞速流逝着，转眼之间，郝妮已经在食品公司工作了大半年。这时候，公司业务发展越来越大，各个岗位都急需一大批有经验的人员，尤其是急需面向各个客户的配送人员。这时候，郝妮主动向上司提出来，表示自己愿意跟车配送。上司看了看郝妮纤瘦的身材，好心提醒她配送工作需要天天给各个商店酒吧送货，风里来雨里去的，是个苦差事。郝妮告诉上司，通过和同事们平时的接触，她对配货的技巧比较熟悉。公司新招聘的文字录入人员打字速度越来越快，与其在这个竞争越来越激烈的岗位上竞争，还不如去做一个公司急需而自己又能胜任的工作。做配送工作虽然辛苦，但是自己熟悉业务，被淘汰的风险很低，自己完全能够胜任。上司看了看郝妮坚定的神情，微笑着点了点头。

第二天，郝妮就跟着配货的同事们开着车把货品运到各个商店、KTV和其他娱乐场所。一个月下来，虽然累得浑身都快散了架，可郝妮却和客户们建立了深厚的感情。大伙儿都特别喜欢这个为人和气又特别爱笑的女孩儿，所以郝妮配货的商家对公司很少有投诉和不满意的情况。就这样，郝妮每天跟着车四处奔波着，公司上下对这个肯吃苦的小姑娘都刮目相看了起来。

秋去冬来，眼看一年的工作就要结束了。春节前夕，当老板走过办公室的时候忽然发现一张桌子上的贺卡比自己收到的还多。老板好奇地问身边的人这是谁的办公桌？怎么收到这么多贺卡？属下告诉他这桌子是一个叫郝妮的小姑娘的，贺卡都是她的客户送给她的。老板意味深长地看了看郝妮的桌子，默默地离开了。几天之后，老板找到了郝妮，告诉她自己查看了她负责配送的区域，发现在她配送的区域里，公司的销售量上升得最快，所以想提拔她做销售部的主管。

老板没想到，沉默了一会儿的郝妮推掉了做销售主管的任命，而是希望能调到仓储运输部。郝妮告诉老板，自己并没有特别的销售能力，学物流专业出身的她更能胜任做这个工作，帮助公司管理一下仓库，并且善于根据各个商家的需要随时调整配货的种类和数量。在这个能发挥自己专业优势的岗位上，风险最低，也最能做出成绩来。在得到老板的同意之后，郝妮很快就成了仓储运输部门的负责人。到了新的岗位之后，郝妮充分发挥了自己的专业优势。她详细搜集了商家们的资料，根据最新的资料制定了一个全新、完善的供货计划。这个计划详细地掌握了客户的需要，为每个商家都制定了一个合理的供货方案，从而大大提高了公司的工作效率。

不久之后，郝妮因为对公司特殊的贡献，被老板提拔成了副总经理。当不少同学刚刚在职场站住脚跟的时候，郝妮已经成了职业圈里的佼佼者。当她面对刚刚踏入职场新人的时候，总是告诉他们："选择风险最低的工作，就能提高成功的胜算！"

# 要有一颗辨势的脑袋

看同事忙不过来的抓狂样，我主动分忧：复杂的可能我一时半会熟悉不起来，不需要太多技术含量的活儿，你尽管交给我。

一个统稿的任务交到了我手上。统稿内容关系到四家单位，内容倒不复杂，关键是孰轻孰重四家有个暗里的攀比，这活儿就不那么好做。我比较谨慎，尽量脱胎于去年的模式，不敢有大动作。书面征求意见时两家完全赞成，一家有细节修改，一家对自己下属定的目标不满意，觉得虚而不实，表示内部再整顿。碰头会上，个人发言畅所欲言、思维碰撞的火花成燎原之势，最后大领导拍板，要求打破原有体式，重新开始。这活儿要求高了，隔行如隔山，就算是一个办公室，各人负责一块，也是术业有专攻，所以这项工作还得我那忙破头的同事亲自加班加点完成。

如果在以前，我是断然不能原谅自己的，半途而废就是承认能力不够、本领不强。现在不会有这样的想法了。帮忙的过程中我已了解了各个部门的新年重点工作，对我自己的工作也甚有帮助。统筹整合了的初稿得到了大家初步认可，说明甄别挑选的眼光还是成熟的，不枉我这么多年的工作经历。至于打破框架重来，则是创新的应有之意。我就是在这里止步了。止步不是不会，不是胆小，而是出于别人地盘岂敢擅自做主的考虑。

中年的智慧，就在取舍之间，懂得放弃，也是一种选择。幸福的定义里本身就有取舍，乡人有话：鳃不漏水，鱼要胀死。本事让你一人占全，还让不让别人活了？

一位曾经的同事，不是一般地不受领导待见，他是学营养学的，阴差阳错进机关吃文字饭，领导当众摔过他写的材料，讥讽他走歪门邪道混进来，甚至扬言要将他退回原单位。单位多年形成的氛围，极度重视文字功夫，谁这方面突出，谁重用升迁的机会就很多。这位同事再三掂量，最终舍弃了不擅长的文字，钻研自己感兴趣的计算机，不久单位新建信息交流平台，急需这方面技术人员，他当仁不让做了负责人，继而平步青云。如今大会小会发言讲话，不用稿子说得头头是道。

还有一位同事，别无他长，就是特别能吃苦。他进单位时，不在业务科室，而在办公室。单位有个不成文的规矩，办公室就是为领导和业务科室服务的，有业务才有发言权。这位同事每天打水扫地、调度用车、安排吃饭，稍有不慎，埋怨一片。做好这些之余，全部精力用在撰写信息上，系统内信息报送有考核，这项苦差也由办公室负责。他不以其苦，几乎做到每天一条，一年下来，他在系统里拿了个特等奖，高过一等奖几百分。单位同仁立马刮目相看：不吭声的受气包也有闪亮的职业理想。不久被省信息中心挖走，从被考核到考核他人，似乎是眨眼之间的事。

职场需要一些哲学。有一颗辨势的脑袋，懂得自律和坚持，能帮助我们在貌似没有路的地方走出一条属于自己的路。人生演苦情剧还是励志片，你自己选。

# 学会适当放弃

20多年前，一位在纽约留学的中国大学生来到一家小旅店里打工，那家小旅店的生意不是太好，工作氛围比较沉闷。

一天下班前，员工们突然围着老板兴奋地大喊起来，小伙子好奇凑过去一看，原来是老板又给员工们"发福利"了。那些所谓的福利其实就是一些酒水饮料和包装食物，这位中国小伙子也得到了一份。下班后，小伙子纳闷地问老板："我们的生意本来就不好，为什么还要发放这些额外的福利呢？"

老板叹了一口气，终于说出原委：旅店里的每个房间都和所有的宾馆客房一样，准备着酒水饮料和其他的包装类食物，而旅店因为不够专业，在这方面的成本都要远远高于食品超市，售价也自然要比超市贵很多。然而价格一贵，住客就不愿意去碰了，宁可从外面买来带到宾馆里吃，所以经常有些饮食过期变质，老板也只能趁它们没有过期之前及时处理掉，当福利发放给员工；但这并不意味着不给客房提供酒水食物就行了，因为这样可能就会被有需要的客人指责服务不周。

无论如何，给客房里提供酒水食物，对他们来说，都是一门横竖要赔钱的生意。小伙子觉得，这里面其实只是一个"成本投入"的问题，也就是说，只要能让旅店避开过高的成本投入，问题就迎刃而解了。几天后，他终于想出了一个办法，建议老板放弃那项食品销售权，把销售权无偿转交给隔壁的一家小超市！

"把食品销售权交给楼下的超市？"老板觉得眼前这个小伙子简直是睁着眼睛说瞎话，"如果这是一个赚钱的销售权，别人当然会要，但那样的话我又不会同意，而现在它只是一个无论怎么做都是亏钱的销售权，我舍得给人，又有谁会要呢？"

　　然而，小伙子找到了隔壁的超市老板商量，因为给客房里提供食品对超市来说没有任何投资风险，而且还能扩大销量，所以对方很爽快地答应了合作。从此，客房里的酒水食物就由超市负责提供，而旅店就免去了成本投入，同时，因为客房里的酒水食物是由超市直接提供的，所以售价和在超市里是一样的。此外，旅店的食品柜上还留有超市的电话号码，住客想要更多饮食的时候只要打个电话，对方就会立刻送到。而旅店只需要让服务生每天上午对食品进行一次清点，让超市的人来补货！

　　这样一来，客房里的酒水食物对于顾客来说就非常实惠了，再也不只是一种摆设。销量一增加，超市从中得到了利益，而住客在旅店里享受到了满意的服务，自然也把这份愉悦和感激之情留给了旅店。对于商家来说，这是一笔取之不尽的财富！

　　一切正如那位小伙子所料，客户因为得到了在别处得不到的满意，所以这家旅店越来越受人欢迎。经过20年的发展，最终成为纽约一家著名的星级酒店。而当初的那位中国小伙子，就是后来连续创造5项世界级销售记录、被誉为当今华人中最顶尖的成功学专家——陈安之。

# 要做就做最好的自己

出生在沈阳飞机工业集团大院的他，经常听长辈们讲述飞机的故事。而他最喜欢的玩具也是飞机模型，拆装组合，是他最喜欢做的事。"长大后要像爸爸、妈妈一样制造飞机。"小小的他就在心里种下了理想的种子。

16岁的时候，一心想制造飞机的他不顾家人的反对，毅然放弃了读高中、考大学的机会，而选择了沈飞技校。自从跨进校门，他就下定决心，一定要制造出中国最好的飞机，用自己的努力实现心中的梦想。

学理论、练技能，他像着了魔一样，全部心思都扑在学习上。每天上完六节理论课，他还要苦练6小时的技能课。3年后，他以全班第一的优异成绩毕业。然而，命运却跟他开了一次玩笑，他被分配到沈飞烟草机械厂，负责为生产香烟过滤嘴的机器做零件加工和装配等工作。这与"造飞机"的理想相差甚远，他的情绪一落千丈，整天闷闷不乐。热心的师傅开导他："平凡的岗位上也有能人，把眼前的事情做好，把技术练好，是金子不论在什么地方都能发光。没有真本领，让你造飞船你也造不好！"

师傅一席话惊醒迷茫的他，"要做就做最好的自己"他开始静下心来钻研技术。学校的理论与实际工作中的状况，有很多差别，为了更系统地学习先进的理论知识和加工工艺，他经常光顾书店。一到周末，他就泡在书店，几年下来，他买的专业书籍有400多本，摆起来有5米多高。

一把锉刀，一把盈尺是钳工的常用工具，加工一个火柴盒大小的零件，就要8000多次锉修的动作。在别人看来，又枯燥又乏味。可他总是严格要求自己，努力把每一个零件做得完美。他把同事们看电影、喝酒、游戏的时间都用在了工作上，不但在单位刻苦学艺，还在家里摆上一套工作案台。

就是这个在同事们眼中的"痴人"，经过自己的不断努力，硬是把加工误差从0.1毫米缩小到了0.003毫米，这个相当于头发丝的二十五分之一的精度，连自动化数控机床都达不到。一块铁疙瘩放在手里，他拿捏端详，就知道加工成合格零件还差多少、差在哪里。

凭着精湛的技艺，他被调进了航天标准件厂，曾经的梦想照进现实。他成了单位的业务骨干，经常接受重大任务。有一次，企业承接了一项大额的国外订单，对加工精度要求非常高，如果3个月内解决不了技术难题，不仅订单告吹，中国航空企业也会在国际市场丢失颜面。单位里除了他，无人能做。为了完成任务，他除了睡觉以外，把所有的时间都用来研究工作。他刻苦攻关，大胆创新，终于啃下这块硬骨头，为中国航空企业在国际市场打响了知名度。

在参加工作不到十年的时间里，他自制各种钳工器具100余件，改进工艺方法60余项。他还撰写技术论文12篇，申报技术革新项目20项，并取得了"定扭矩螺纹旋合器""加工钛合金专用丝锥""多功能测量表架"等3项国家发明专利和实用新型专利。

凭着一股不服输的韧劲，他25岁成为沈飞公司历史上最年轻的高级技师，相继的荣誉接踵而来，申请了3项国家专利，荣获"全国五一劳动奖章"。29岁时，他成为中国航空工业最年轻的首席技能专家，受到习近平主席的亲切接见。

他就是中国最好的钳工方文墨。成名后的他，放弃了年薪48万元的邀请，依然坚守在沈飞大院，为培养新一代工友而努力着。在一次访谈类节目中，方文墨道出了他成功的经验："人可以平凡，但是不能平庸，不管在什么行业，要做就做最好的自己。只要你有执着的信念，贴地飞翔的青春也一样精彩。"

# 不怕输的人

前不久，到广州出差，在机场竟然遇到了久未谋面的中学同学。他叫王宾，高中时和我前后桌，自从我们考上不同的大学后，便鲜有联系。

他乡遇故知，登机的时间也不很急，索性两人走进咖啡屋聊聊。半小时后，我们挥手告别。当飞机腾空而起，蓝天白云从眼前迅速飞过的时候，我的思绪也随之奔腾。

中学时代，我和王宾同属班级前5名之列。我把王宾视为最有威胁的对手，每一次考试，如果我的名次超过他，心情便晴空万里，反之就会黯然神伤。王宾则不然，高考前的一次模拟考，他的成绩下滑到10名以后，可他呢，依旧神闲气定地踢足球、看闲书。那时，我以为这是一个不思进取的家伙，多年后才明白，这叫"输得起"。

王宾上了北京的一所普通高校，比班主任的预期低很多，可他依旧一副淡然的模样。辞行的那天，她惋惜地对我说："可惜了王宾，要不是因为父母离婚的干扰，应该跟你一样上个重点大学。"

时光飞转，当我再次在机场邂逅王宾的时候，才知道他此后经历了更为戏剧性的人生。

大学毕业后，王宾选择留在北京工作，应聘到一家报社。他利用业余时间准备"国考"，竟然一路过关斩将，考入国务院的某部委。这期间，他找了一个漂亮的北京媳妇，生了一个可爱的小公主，幸福如花儿一样绽放。工作几年之后，他竟然萌生了退意。"我不能说机关的工作不好，但不适合我，每天重复的劳动令人疲惫，我更期待有挑战性的事业。"他这样跟我说。

他像中了邪一般，执意要下海经商。妻子劝他："你一无本钱、二无经验、三无背景，贸然创业能有多少胜算呢？"他戏谑道："世上本没有路，走的人多了，也就成了路。"他在中关村租了一间小门面，搞起了电脑销售和维修。计算机是他的专长，做起来倒也得心应手，生意很快步入正轨。3年下来，挣了有上百万。怀揣着这"第一桶金"，他又想干一番更大的事业。这时，一位朋友联系到了他，"你以前在大机关的那些人脉丢了太可惜了，我们可以合作搞商务贸易，你负责跑关系，我负责联系业务。"两人一拍即合。应该说，两人的经营策略没有错，拼搏精神也不差，可人算不如天算，公司开张没多久，正好赶上金融危机，经济大环境很不景气，众多小企业纷纷破产，他们的公司也没有撑到经济形势好转的那天。妻子怨气冲天："好好的国家公务员你不当，非要做什么生意，这下好了，工作没了，钱也亏了。"王宾安慰她："成功哪有一帆风顺获得的，信心比黄金都贵，如果我现在一蹶不振，那才是彻底输了。"

蛰伏在家的日子，王宾并没有闲着，每天定时观看新闻，浏览各大门户网站，晚上就钻研一些经济学著作。一段时间后，他坚定地对妻子说："我要向房地产进军，现在一线城市的房地产业已经春风拂面，二三线城市正跃跃欲试，不能错过这趟车。"说干就干，他一边做房产出租中介积累资金，一边广交朋友、广通人脉、广览信息。当手中再次握有一定资金的时候，他做出了一个惊人的举动，拿出所有积蓄，抵押所有房产，然后主动联系合作伙伴，准备拿下郊区的一块地。妻子忧心忡忡："如果你再次失败了可怎么办？"王宾笑答："就算失败了，以我的专业水平，找一家薪金丰厚的公司上班应该不成问题，不会饿着你们娘俩。"

此后，他通过种种努力，终于拿下了郊县的一块土地。再以后，开发，销售，顺风顺水。

"现在我准备搞点更有意义的项目，一来房地产国家调控得厉害，二来我也确实想做点为百姓谋利益的事。"那天在机场碰到他，他正准备飞到某个医疗资源稀缺的小城，商谈投建民营医院的事。"你就不怕一招不慎，再次回到从前？""不怕，我本来就是普通百姓的孩子。但是，我这一生，要活得精彩。"

飞机上，我翻看易中天教授的《品人录》。他说，成功人士一般有两种：一种是富豪权贵，他输得起，如项羽；另一种是穷困之人，他不怕输，如刘邦。我颇有感悟，一个人，要想成功，就必然输得起，要想取得巨大的成功，还必须不怕输，如果兼备了这两点，叫他不成功都难。

# 成功，从埋单开始

克威尔香水公司开拓美国西部市场时，曾跟旧金山的一家电视台合作，帮助他们做一档《唐华寻访录》的华人节目。公司赞助20万美元，条件是节目冠名和中间的广告插播。

那时，我在克威尔公司已经不用抱着香水的宣传材料，满大街表演口才。作为公司最年轻的营销经理，西部分区的营销总裁史密斯先生点名让我帮助他处理华人区业务。

下午，结束讨论会，史密斯叫我与电视台的节目负责人詹姆斯·刘一起去吃饭。刘是美籍华人。他喜爱007系列电影，爱死了詹姆斯·邦德，所以为自己取了这个英文名字。

在路上，以及整个吃饭过程中，我想，两个职务都比我高的人请我吃饭，肯定中间有一个人请客，我只要跟着享用美餐即可。所以，我心情舒畅，放开肚皮，大吃大喝，吃完抹抹嘴，什么都不管。

果然，他们为了这顿饭钱争了半天。最后，"当仁不让"的詹姆斯·刘将饭钱付了。他还带着愉悦的表情对我们说："下次还是我请，你们远道而来，又是出资方，是贵客嘛，可不能怠慢。"

然而，回到公司，史密斯立刻把我叫过去，不爽地问："你为什么不埋单？"

我愣住了：这顿饭该由我埋单吗？这完全不合逻辑。

"你们都是富人，我可请不起，"我有点赌气，"下次，若想让我付钱，请事先提示。"

史密斯是除了克威尔先生之外，多次提携我的一位公司高管。他没有真的生气，而是讲了这样一段话：

"我知道，你很不理解，并且有些愤怒。今天，我告诉你，每个圈子都有它的游戏规则。如果你只接受不付出，就很难找到你的位置。至少容纳你的屁股的那张椅子是不稳固的，你随时会被踢走。放下你那可怜的自尊心吧。别人不会在乎你请吃什么，在乎的是你的态度和诚意，明白吗？今天的这顿饭，你没有埋单，詹姆斯只会当你是我的司机、小跟班不起眼的人、无所谓的人、没有价值的人，而不是克威尔公司重要的一员。所以，你要记住，今后只要是你参加的酒席，你都要养成主动埋单的习惯。如果确实不需要由你埋单，别人一定会把钱给你塞回去。所以，不必担心会花冤枉钱。如果需要，哪怕你一个月的工资只有600美元，这顿饭要花掉500美元，你也要毫不犹豫地展现你的大方。"

以前，我总是认为，强者和对强者有所求的弱者，才是最该埋单的人。从这个时候起，我纠正了旧有的观念在脑海中强化了"要想成功，就先付出"的奋斗价值观。

跟旧金山电视台的节目合作快要结束的时候，史密斯又把詹姆斯·刘和我一起叫出去吃饭。结账时，我主动把钱付了。我发现詹姆斯·刘看我的眼神，顿时有了变化。

后来，我们借此机会，成了不错的朋友，一直至今。正是那次主动埋单的行为，为我与他的合作打开了一个窗口。

所以，请你一定不要把消费时髦当作交际规则。特别是事业刚刚开始发展时，你需要积累人脉。你还应该记住几个原则：

1. 穷人和富人一起吃饭，穷人最应该埋单；

2. 穷人埋单，买的是尊严，买的是平等，买了一份投资；

3. 不会埋单的人，不懂得机会是什么；

4. 埋单，既是一种付出，也是一个细节，更多的是培养一个人积极付出的习惯。

# 电梯规则

上班的日子，电梯的忽升忽降，提醒我们：千万甭对同事的升职羡慕嫉妒恨，人家哪天降下来了，说不定比咱原地踏步还惨……按职不动，起码拥有"状态稳定"的优点，若上去又下来，那才叫无地自容呢！

走进电梯半天，突然发现电梯并没有动，原来忘记按数字键了。此时应该庆幸，毕竟电梯没有朝相反的方向去，否则更浪费时间。职场中，零进步不可怕，最使人担心的是步步后退。

明明想去单数楼层，结果进了双数楼层才停的电梯：淡定，大不了向上或向下爬一层。职场中，大部分工作失误一旦发现，及时纠正即可，惊慌失措只能让人看轻你。

本欲上楼，却进了下楼的电梯，既然来到楼下，就先把另外一件事给办了。聪明人往往善于将错就错，工作上的事，只要不违背原则，并无绝对的正误之分。况且，任何事情都存在正反两面，当所有人都认为你错的时候，也许恰恰赐给你另辟蹊径的良机。即使你真的错了，也证明了"这样不可以"，经过实践证明的"不可以"，肯定比理论教导更令你多长记性。

不管同电梯的人是否认识，注意保持风度，对于怀抱东西的人士，主动询问"几楼"，并帮其按键。你无视或者看不惯的陌路人，可能碰巧就是你的新任上司、客户甚至准公公、未来丈母娘。

当美女叫你"大叔"、帅哥叫你"阿姨"以寻求帮助时，千万别犹豫，弄不好，偏偏成全了他人的姻缘、友谊、升迁。职场中，因为纠结于头衔而丢掉机遇的现象可谓屡见不鲜，你尚在纠结着虚空的称号问题，别人已经替你享受到了实打实的好处。

有人喜欢在电梯里搭讪，这口味确实挺重。小心别人紧张起来告你非礼。职场中，跟同事交往的道理莫不相似。同事与朋友的概念差异很大，有的人随便拿同事开玩笑，更甚者与同事交流工作深入了点，就妄想发展成恋情，结果把自己的职场形象塑造得相当恶劣，最终可能误了升职。

你选择走楼梯，走你的楼梯好了，没必要非得批评别人"不懂健身"；你乘电梯，别人走楼梯也不碍你的事。你有你的习惯，我有我的爱好，喜欢让流言蜚语飞的人，在职场中往往众叛亲离。

# 刺激的价值

纽约有位年轻商人摩斯，他在纽约市的一个热闹地区租了一家店铺，满怀希望地择了个吉日开始做起保险柜的买卖。

然而开业伊始，生意惨淡。虽然每天有成千上万的人在他店前走来走去，店里形形色色的保险柜也排得整整齐齐，店中销售人员更是彬彬有礼、周到服务，但是很少有人光顾。看着店前川流不息的人群，却没有人光顾他的店铺，他不禁心中烦恼。最后摩斯想来想去，终于想出了一个突破困境的好办法。

第二天，他匆匆忙忙前往警察局借来正在被通缉的重大盗窃犯的照片，并把照片放大好几倍，然后把它们贴在店铺的玻璃上，照片下面还附上文字说明。

照片贴出来以后，来来往往的行人都被照片吸引，纷纷驻足观看。人们看过逃犯的照片后，产生了一种恐惧的心理，本来不想买保险柜的人，此时也有些犹豫，前思后想还是觉得买一台踏实。因此他的生意立即有了很大的改观，原本生意冷清的店铺突然变得门庭若市。就这样不费吹灰之力，他的营业额就突飞猛进，连续上涨。保险柜在第一个月就卖出48台，第二个月又卖出72台，以后每月都能卖出七八十台。不仅如此，还因为他贴出了逃犯的照片，使警察顺利地缉拿到了案犯。因此，这位年轻人还荣幸地获得了警察局的表彰奖状，报纸也对此作了大量的报道。他也毫不客气地把表彰奖状连同报纸一并贴在店铺的玻璃窗上，有此锦上添花，他的生意更加红火。

通过外部的刺激和诱导来向客户传递产品的价值信息，从而挖掘客户的潜在购买欲望，这就是摩斯成功的原因。

# 积攒你的人品

读高中时，一次他向母亲要2000元，说班上有位姓黄的同学急需做一个手术，但同学家境贫困，他想资助这位同学。母亲听了儿子的话，二话没说给了他钱。后来，母亲偶尔和一位朋友说起这事，朋友感到十分吃惊："你真信啊，现在的孩子花花肠子特别多……"母亲听了朋友的话，没说什么，只是笑了笑。

母亲怎么能不相信自己的孩子呢？儿子从来没说过谎话，而且一直这么热心肠。念初中时，班里有位同学结交了坏朋友，整天在外面惹是生非，常常受到老师的严厉批评，这位同学不想上学了。家长又是打又是骂，孩子依然我行我素，家长也想放弃。

但他认为这位同学的本质并不坏，于是对同学的父亲说："叔叔，您不能让他退学，要是这样他真的一点希望没有了。请您给我一点时间，我来劝劝他。"他找到同学，进行了彻夜长谈。同学不但没退学，还和他成为特别要好的朋友。同学远离了原来那一帮坏朋友，正所谓近朱者赤，后来考上了理想的高中和大学。

他总是这样主动帮助人，父母当然信任他。果然，后来母亲在菜场遇见一位中年妇女，对方一见面就热泪盈眶握住她的手说："如果不是你们家的孩子资助了2000元，我儿子的手术就做不了，你养了一个好儿子，救了我儿子的命，也救了我们一家人。"这位中年妇女就是黄同学的母亲。

他从天津音乐学院表演系毕业后，谢绝了很多单位伸出的橄榄枝，决心到北京去进军影视圈。做一位北漂，虽然困难重重，但父母认真听了他的打算后，选择了支持。父亲说："我们相信你的选择，年轻的时候经历一些失败未必不是一件好事!"夫妇俩凑出了50万元作为启动资金,帮助儿子注册成立了北京华宇星辰影视传媒有限公司。

创业是艰辛的,他大量阅读剧本,一连看了近千部,和无数个制片人交谈,最忙的时候,一天要交谈五六人。他尤为朴实,出外时每天手里就握着一瓶矿泉水,辗转于地铁和公交车之间。这样穷酸的老板还因此闹了一次误会。

那天,某导演和他交谈后,发现自己的手机丢了。本来对他心存疑虑的导演以为遇到了骗子,悄悄报了警。警察赶到后,将他叫到一边询问,很快导演却来告诉警察:"找到了。"原来导演在自己座位沙发夹缝间发现了手机。

后来,他投资的第一部电视剧《香格里拉》在央视一套黄金档开播第一天,创下全国收视率第二的佳绩。他就是1987年1月23日出生于浙江天台的于宇昂。

《泰囧》是他投资的第一部电影,此前,《泰囧》的剧本并不被看好,曾经两度开机,因为资金问题两度夭折。之后,著名制片人陈祉希将剧本重新改编,可由于电影市场不景气,她依然找不到投资人,于宇昂听说后表示愿意合作。

这次拍摄也是一波三折,中途有一个大公司的老板说他愿意投资,条件是让于宇昂退出,由大公司独资。这让陈祉希很为难。于宇昂知道这件事后,对她说:"当初我只是想帮你,既然现在有人投资,我退出也未尝不可。"他的话让陈祉希非常感动,于是陈祉希对那家公司的老板说:"我在,于宇昂就在,否则我也退出。"

果然。《泰囧》自上映之日起,票房就一路上涨,直至冲破12亿元大关,大公司赚得盆满钵满。于宇昂也获得利润7000万元,是他投资300万元的20多倍。人们相信,在他前面等着的一定是一个又一个"金碑"。

要做事,先做人,积攒你的人品,也就是在积攒你的前途,积攒你人生的财富。

# 慢

在这样一个刷微博，求粉丝，快节奏的时代，郑晓龙像一个古人，他的生活方式很慢。有人调侃他："2011年3月19日，郑导写了一条微博，'开始写微博，开始网络新生活。'然而到2013年，我们都没有看到第二条微博。"郑晓龙边嗑着瓜子边说道："我觉得网络回复都是很浅的，我更愿意和三两好友坐下来聊天。或者和一两个朋友说说话，喝喝茶。人生得一知己足矣，而不是得一万个知己。"

生活中的郑晓龙无疑是一个慢性子的人，他没有被名利俘虏，安享荣华富贵和沉醉于鲜花掌声中，而是脚踏实地地落在自己的生活里。作为名导演，他的作品拍摄过程堪称慢中奇葩：《甄嬛传》从最初看到小说到完成剧本用了整整4年半的时间。早前红遍大江南北的《金婚》从最初的创意到找王宛平来编剧，然后开拍，光剧本就用了差不多3年时间。《北京人在纽约》从小说到剧本也用了差不多1年半的时间。在这样一个快餐时代，能够这么沉下来拍一部电视剧的导演少之又少。而他在整个拍摄的过程中仍不断地调整与更改剧本，以期更好地贴近百姓生活，更加合情合理。

在拍甄嬛陷害皇后的那场戏时，剧本还没有改好，但他不骄不躁，"不要着急，慢一点点，剧本没有改好，我们就停一下，把剧本改好了再拍，不要为了赶时间，怕钱不够用而急急忙忙，导致最后结果特别不好。"郑晓龙认为慢一点点对创作很有帮助，他并不满足于现状，也不看重名利权位："什么是精品，不是你今年得奖，收视率高，或者挣钱多就是精品。其实，好的作品都应该有对时代、对历史的认识价值，或是批判价值。"于是，很多人从《甄嬛传》里吸取营养：有的人学着处理职场关系，有的人学会了和爱人相处，有的人认识到了真正的友情……几乎所有人都能够从这部剧中得到那么一点和现实生活息息相关的经验价值。

和很多知名导演不同，他的作品火了，但是他却隐去了光芒。如果郑晓龙和他的徒弟冯小刚一起走在路上，很多人都会跑上去找冯小刚签名，而对他却置若罔闻。即便看过《甄嬛传》的人不在少数，但是很少有人知道这部剧的导演叫郑晓龙，更鲜有人知道郑晓龙长什么模样。他就像一个普通的路人，和大众有着一样的质朴与平凡。关于此事，撒贝宁曾问他："是不是会失落？"想当年，他一个指令，冯小刚就得鞍前马后。对此，郑晓龙笑笑，"给人家签名有什么好？大家不认识我，我就可以站在一边冷眼旁观，我拍了我想拍的东西，但是，我却没有丢失我的生活，不用戴着墨镜和帽子出门，生活里我还是一个普通人，这又有什么不好呢？"

郑晓龙的生活不在别人的眼光里，他更懂得自己需要什么，他的幸福来自对自己的评价与突破。有人质疑他："在大家都看腻了一些穿越的古装雷剧时，您拍了《甄嬛传》，所以，您就火了。在大家都看腻了一些婚变剧，您突然拍了一部特别温馨的《金婚》，所以您又火了，与其说您耐心等待，不如说您在等待一个机遇，等待一个更好的机会。"郑导把这种质疑的话理解为夸赞，他说："早在2005年我就看到了《甄嬛传》小说，穿越、雷人都没有，我只在想我自己，我自己的对与不对。"关于慢，郑晓龙也有自己的理解："我说的慢，就是放慢，不是等待，慢的时候是什么都不干吗？你同样还是往前走，但是每一步更真实。"

作为一个名导演，郑晓龙无疑是成功的，许多人记住了他的作品，而不是因为他的名气。作为一个普通人，他也是成功的，这成功在于他对生活的体悟与生命的珍惜。

# 年轻没有终点

有这样一个免费图片处理软件，它既流行又好用，用户无须学习就可以对图片进行美容、拼图、布置场景、添加边框等特效处理，它还提供精选的网络素材，让你的照片可以做出影楼级的效果。它有一个好听的名字：美图秀秀，由美图网开发，而吴欣鸿就是美图网董事长兼CEO。

吴欣鸿，福建厦门人，"80后"，喜欢画画、摄影，初中毕业后曾休学两年学习油画。高中时，他开始投资域名领域并赚到了人生的第一桶金。从那时起，他坚定了要在互联网创业的念头。

2001年高中毕业后，吴欣鸿开始了创业之旅。他在泉州创办了一家企业网站服务公司，不到两年便破产关闭。2003年，吴欣鸿买到了一个不错的域名520.com，开始做交友网站。两年后，同样经历了失败。

两次失败的经历，让吴欣鸿陷入了沉思。思索许久，他才明白个中原因。他觉得，喜欢画画摄影的自己，性格安静内敛，平时就不喜欢和人聊天打交道，怎么能做好服务公司和交友网站呢？但那时的他并不气馁，他想，创业艰难百战多，区区两次失败，算不了什么的，他一定要坚持下去。

恰在此时，早些年做域名生意时对他有帮助的蔡文胜老哥邀请吴欣鸿加入他的公司。于是，吴欣鸿暂别自己的创业梦，加入了蔡文胜的公司做产品经理。这之后的两年间，吴欣鸿和团队做了不下30多个产品，每个产品看起来都很好玩，但都没有做大做强，最后都以失败告终。这时候，团队中开始有人动摇了，也有人劝吴欣鸿放弃创业的梦想，但吴欣鸿没有被失败打倒，也没有气馁，他依然坚定信念，坚定自己的创业梦。他想，再坚持一次，说不定下一站就是成功。

一次偶然的机会，吴欣鸿发明了一款火星文转换器，该产品在没有做任何推广的情况下，却在一年后拥有了四五千万的"90后"用户。火星文的成功，又一次让吴欣鸿思考，他总结是因为抓住了"90后"网友的非主流需求，满足了他们的个性化要求。但似乎很难用火星文来找到盈利模式，这让吴欣鸿苦恼不已。他思考，能不能开发出一款既盈利、又依然针对"90后"的产品呢？这样不就可以把火星文的用户转移过来了吗？

　　但这样的产品是什么呢？吴欣鸿苦苦思索着。一天，他拿起久违的画笔，又拿出心爱的单反，准备拍一张自己手绘的画上传到微信。下意识地，他上网搜索，发现用户对个性化头像和图片的需求很大，但那时流行的photoshop等传统软件对普通网友来说，又有些难度。吴欣鸿突然意识到，何不做一个简单好用的图片处理软件呢？他本人又超级迷恋摄影，在这方面既有兴趣又有天赋。吴欣鸿兴奋不已，他终于找到一个适合自己的项目了，他要做一款适合国人的、简单的图片处理软件。

　　吴欣鸿再次创业了，他创办了美图网，并于2008年10月推出了美图秀秀软件。这款软件刚推出时，尽管尚有这样或那样的缺点，却依然受到了年轻网友们的热捧，这也坚定了吴欣鸿和团队们继续完善它的决心。经过不断地完善和升级，美图秀秀得到了越来越多网友的肯定。不仅在PC端，它拥有上亿用户，还进军移动端。截至今年1月，它的移动客户端用户已达1.2亿，日活跃量560万，每天为用户处理图片近2800多万张，在苹果公司移动官方应用商店App Store 2012年度榜单上，它与QQ、微信、微博一起挤入前10名。而吴欣鸿，也一举成为身家过亿的创业新贵，为众人所称赞。

　　吴欣鸿终于成功了。有一次记者采访他，让他分享一下成功经验，他说，我有一颗年轻的心，在我看来，年轻没有失败。因为，我的青春烈火燃烧着永恒，我愿意用所有热情换回时间，让年轻的梦没有终点。

　　是啊，年轻没有终点，坚持走下去，就一定可以看到成功的那一天。

# 三次同样的面试题

　　该公司把前来应聘的人安排在会议室分三天做三次考核。

　　第一次考试，朋友便以99分的好成绩排在第一，一位叫小米的女孩以95分的成绩排在第二。

　　第二次考试试卷一发下来，朋友感到纳闷，当天的试题和第一次的试题完全一样。开始她认为发错了试卷。但监考人员一再强调，试卷没有发错。既然试卷没有发错，朋友也懒得去想，自信地把笔一挥，还不到考试规定时间一半，试卷便全填满了，朋友把试卷一交，其他应聘的考生也陆陆续续地把试卷交了上去。人人脸上都春风得意，显然，个个都认为自己胜券在握。第二次考试考分一出来，朋友仍以99分不动摇的成绩排在第一，而那位交卷最晚的女孩小米以98分的成绩排在第二。

　　第三天准时进行第三次考试。"这次该不会拿同样的题目给我们考吧？"进考场前，应聘的考生们议论纷纷。试卷一发下来，考场上顿时开了锅，因为试卷和前两次又完全一样！"安静，大家听我说，这次考题和前两次一样，都是公司的安排。公司怎么安排，我们就怎么执行，如果谁觉得这种考核办法不合理你可以放下试卷，我们随时放你出考场。"

　　监考人员把桌子拍得"啪啪"响。众人一看招聘方发怒了，只好老老实实低下头去答卷。这次考试更省事儿，绝大部分考生和朋友一样，根本用不着看考题，"刷刷刷"就直接把前两次的答案给搬上去，不到半个钟头，整个考场都空了，只有那位叫小米的考生仍托腮拍脑，绞尽脑汁冥思苦想，时而修改，时而补充，直到收卷铃响才把答卷交了上去。

　　第三次考分出来，朋友长长舒了一口气。她仍以99分的成绩排在第一。不过这次没有独占鳌头。考生小米这次也以99分的好成绩和她并列第一。但朋友一点也不担心她被挤下来。

第四天录用榜一公布，朋友傻眼了：上面只有小米的名字，她落选了。朋友当时就找到总经理办公室，理直气壮地质问他："我三次都考了99分，为什么不用我而录用了前两次考分都低于我的考生呢？你们这种考核公平吗？"

朋友显得异常激动。总经理笑呵呵地凝视着我的朋友，直到她心平气和才开口说话了。

"小姐，我们公司并没有向外许诺，谁考了最高分就录用谁。考分的高低对我们来说只是录用职员的一个依据，并非最终结果。不错，你次次都考了最高分，可惜你每次的答案都一模一样，一成未变。如果我们公司也像你答题一样，总用同一种思维模式去经营，能摆脱被淘汰的命运吗？我们需要的职员不单单要有才华，她更应该懂得反思，善于反思善于发现错漏的人才能有进步，职员有进步公司才能有发展，我们公司之所以分三次用同一张试卷对你们进行考核，不仅仅是考你们的知识，也在考你们的反思能力。这次你未能被录用，我实在抱歉。"

朋友哑口无言，羞愧难当地退出了总经理的办公室。

# 自己给的幸福

## 4

你只管负责精彩，老天自有安排。

# 精神的洁净

有一次，我得到一个邀请，担当某服装委员会的顾问。会上，坐在邻座的是一位对服装颇有研究的先生，我问他，你们每年的权威发布，都依照什么原则呢？

那位先生一笑，说，流行色并没有你想象的那样复杂，不过就是一个概念。你想啊，服装这个东西，是要提前做准备的。不能天气已经很热了，才做薄薄夏衣。也不能寒风刺骨了，才张罗棉袄。那么，大家根据什么来制订计划呢？就要开一个会，讨论一番，定一个主色调，然后还有一些辅助的色系，最后就按这个原则去生产了。到了那个季节，街上就都是这种色系的衣服，流行色就开始流行了。

我听得似懂非懂，如果这个色彩今年流行不起来怎么办呢？那位先生可能觉得我顽固不化，蔼然教导说，这怎么可能呢？只要所有的厂家都齐心合力，都出产这个颜色的衣服，当然就会流行起来！再有了，我们会大张旗鼓地宣传，比如说环保啦，沙漠啦，海洋啦，太空啦……找概念啊，开动一切机器来轰炸。另外还有一个法宝，就是让偶像代言，年轻人当然会趋之若鹜……

那位先生看我茅塞顿开的样子，表示满意，说，如果你是生产厂家，你会怎样想？

我说，那还用问？当然是希望买我衣服的人越多越好。

那位先生说，对啊，人心同理。要是谁都新三年旧三年，缝缝补补又三年，服装厂还不得关门？所以，每年的流行色一定要和上一年的有所不同，让你不能以旧充新，鱼目混珠。再有就是造舆论，让你觉得自己穿的不是流行色，就有一种自卑感，不入流，被社会抛弃……

我说，如果我硬是不买流行色，你们能怎么样呢？

那位先生和气地笑起来，说，那我们一点儿办法也没有。不跟着流行色走的人，通常分两类。一种是特别贫穷，他们原本就没有能力不停地置换服装，所以，也不是服装行业的消费者，基本可以忽略不计。再有一种，就是特别有品位的人，他们不在乎流行什么，只在乎什么东西对自己是最适合的。对这后一种人，我们也是鞭长莫及无可奈何啊。

这位先生犹如奸细，让我获取了关于服装的真实情报。我想我似乎不能算作买不起衣服的人，但也绝对不是有独立见解，能孤傲挺立于潮流之外的人。对于我们普通人来说，如何在光怪陆离的现代服装海洋中，安然自得地驾着自己的小船，吟唱渔歌呢？

我想最好的方式，就是保持衣物的洁净，不追赶时髦。因为流行色的实质，多是商人的利益。如果你的衣服有污渍，无论它多么华贵，在没有清洗干净之前，不要穿着它出门。华贵表达着你的财富，而洁净证明着你的品质。

衣服只是外包装，内在的精神洁净才是最重要的。

# 别把善良拒之门外

和同学吃饭，滴酒未沾，他却一副醉鬼上身的模样，大谈社会冷漠无情，人与人之间的隔阂，激动处竟站起来，指着饭店外来往行人说，看这些人衣冠楚楚一副好人模样，其实都是装的。

大学刚毕业，他的美好憧憬被现实兜头浇了一盆冷水，有些许怨言也是可以理解的。我拉他坐下，说，给你讲讲我的故事吧。

前不久，我出差到一个陌生的城市，本来计划是5点到，没曾想行到半路，一场大雨气势磅礴，客车减速慢行又绕了一段路，结果7点半才到，雨是停了，但天也黑了。

我赶紧找一家宾馆把行李放好，就急忙出去吃饭。可能是下雨的缘故，餐馆里没有其他客人，我点了面和小菜，味道是不错，可吃完我摸钱包结账时发现，钱包不在包里，脑子顿时懵了，不可能啊，出差在外，我钱包从来不离身。噢！想起来了，我交完宾馆的押金把钱包扔床上了。当务之急是得先把饭钱结了，我翻包，包的夹层，摸口袋，竟然一毛钱也没有。

餐馆老板是一个四十岁左右的男人，我用眼角瞄了好几眼，他应该注意到我的情况了。我坐在餐桌前，脑子不停地想，他不会以为我吃霸王餐吧，会不会打我啊，会不会扣我在这刷盘子啊！心里特忐忑。

我怯生生地走到柜台，说，老板，我忘带钱包。老板看了看我，没接话。我咽下一口吐沫硬着头皮说，我不是吃霸王餐，钱包忘在宾馆了，离这不远，我去拿了给你结账。老板又看了我一眼说，不用。我一听急了，什么不用啊，我没骗你，要不我把手机押这，再去宾馆拿钱。说这话时，我都快哭了。

老板嘴角咧到一边笑了，说：小姑娘，不用了，算请你吃的。这老板人真好。然后我以百米冲刺的速度拿了钱包回来结账。

本以为不会有比吃饭不拿钱更丢人的事了，没想还真有。业务部的经理火急火燎找我，说有个活动要我去拍照，要快，马上就开始了。我没多想提着相机就坐上了经理的车。

活动结束，经理说，我有事不能送你回公司了，自己坐车回去吧。我答应后，走到站牌掏口袋，五雷轰顶，没拿钱，最让我受不了的是竟然连手机也没带。

公司规定有公交坐公交，没公交才可以打车。公交是有，可没钱啊。打车倒是可以到公司拿钱再给，可一个实习生日子过得清汤寡水，打车公司要较真不给报，那我也得打掉牙朝肚子里咽，这样想想吧，我确实不太敢打车。

怎么办，只能找路人借一块钱坐车。可平时向熟人借钱我都不好意思，更别提向陌生人借了。站牌处有对情侣在秀亲密，女的看我一直看他们，眼神里有一丝敌意。公交来了，他们拉着手上了公交。我一脸幽怨地看着公交远去。

走到旁边的人行道上，看对面来了一个男子，二十出头，本想开口，可怎么看都觉得他一脸凶光。鼓了好几次勇气，也没敢搭话。转过身子正好看见一个女孩过来，扎着马尾，脸上的青春痘甚是嚣张，向女的借一块钱应该没问题吧。

我迎上去说，你好，能借我一块钱坐公交吗？女孩明显被吓着了，冷着脸上下打量我。忙解释，我不是骗子，骗子也没有借一块钱的，出门太急了，忘了带，你放心把手机号留给你，钱会还给你的。就在我语无伦次解释时，女孩拉开钱包抽出一块钱递给我，笑了笑，一句话也没说，绕开我走了。坐在公交上，为这一块钱啼笑皆非，也在想那对情侣、那个男子看似不友善，可只要我开口，他们也不会吝啬吧。很多事好与坏，善与恶，都是自己心里想的。

听我绘声绘色地讲完，同学说以前就知道你二，没想到你这么二。我拍他的头，说就算我二，可大家都很帮助我啊。

　　你闭着眼睛，世界就是黑暗的，抱怨社会，抱怨陌生人，是你心中把阳光美好善良拒之门外。你是坏人，所有人就都是坏人，只有打开心扉，才能看见社会的友善，看见每个人的善良。请相信，你若有难，定有陌生人伸出援手。人性的美好，就像灿烂的太阳，一直照耀着你我，温暖着你我。

# 一株特立独行的藤蔓

　　世界真的是不公平，在逼仄饭馆刷盘子的安晓晓收到舍友的短信：晓晓，自从放假每天练琴，都没玩电脑啊，再不开学我就要被我妈逼疯了。安晓晓甩甩手上的水珠，应着老板的喊声去招呼客人。

　　夏天，老板在店外扎个大棚，安上桌子板凳兼做烧烤生意，工作量徒然增加。安晓晓朝外面拿串的食物，看男同事把几个大铁盘摆一块抱走，她也如法炮制，没想走到大堂，上面的大铁盘开始滑动，安晓晓弓着身子，用手臂蹭蹭盘子，没想越蹭越觉得抱不住，便弓着身子一步步朝外挪。男同事回来看见这个滑稽的场面，一把托住盘底，说："拿这么多走不了，也不知道喊人帮忙，咱店有男人好不好。"安晓晓没有因同事调侃的话笑，在心里嘀咕："别人能干的事我也能干，而且能干好。"

　　走出大学，安晓晓懵懵懂懂，不知晓人情世故、职场规则，不过这都不重要，重要的是她做了喜欢的工作，成为一名记者。尽管与大学所学专业不符，但安晓晓觉着做喜欢的工作，自己会更有力量去生活。

　　第一天上班，安晓晓还没把手里的报纸翻完，就被告知有活动要去采访，扔下报纸就朝外面走，同事一脸狐疑地说你怎么不拿笔记本和笔，她尴尬地立在门口，头上都是汗。漫画版的头像一滴汗水啪嗒掉下来，画外音原来采访是要拿纸和笔的，专业与业余的差别让安晓晓这个门外汉倍感压力。

　　采访回来，领导让安晓晓试着写采访稿。安晓晓自恃有点文采，带着90后的自负，把自己写的稿子发给领导。领导把鼠标摁得啪啪响，这个没有，那个多了，还有这能用贬义词吗？一顿指点下来，整个采访稿没有一句话是没被标红没被挑出毛病的。安晓晓一直认为自己是能写点东西的姑娘，这下被人甩手两巴掌，彻底认清自己几斤几两了，脸颊像酒吧里闪烁的灯光，一会红一会绿。

更甚的在后面，副编的手差点就点在安晓晓的额头上，说，拍照拍照，你老在后面拍脑袋，七八十张照片找不出几张能用的，就你这样的，还好意思在脖子上挂相机。安晓晓站在她旁边，一个劲地说，我错了，然后再也不敢多说一个字。

最伤人的是照片修好了，文章改好了，安晓晓觍着脸问，文章可以发吗？副编颐指气使地扔下一句，发什么啊，拎着包踩着高跟鞋"噔噔噔"地走了。那一刻，安晓晓有种万念俱灰的感觉。

安晓晓想回家，想回那个鸡鸭成群、麦浪滔滔的家乡，可是回家能干什么，种地吗？辗转反侧的夜里，安晓晓躺在连衣柜都没有的出租屋里，一遍遍地问自己。不甘心，我不甘心。太容易放弃的人生不是安晓晓想要的人生，她不是没路就回头，有难就哭泣的姑娘。

安晓晓沉下心来工作，频繁地外出采访，踏着大雪，一步一个脚印。晚上空荡荡的公司里只有安晓晓啪啪的打字声，完稿，发送给领导，打电话告知，听见领导那头有孩子的笑声，脑子里不由自主地呈现出一幅全家人吃晚饭的温馨画面，而自己呢，跺着脚，搓着手，嘴里哈着白气等末班公交。

休息日找有关新闻的专业书恶补，在图书馆一待就是一天。慢慢地终于好起来，开始得到领导的赞许，不过生活毕竟不是演电视剧，哭几场摔几跤就可以随便成功。安晓晓还是拿着800元工资的实习生。

终于还是走出了2012年那场寒冬。2013年的盛夏，安晓晓带着新来的实习生去采访，实习生说，安姐，你的QQ签名档为什么是不依附的藤蔓，藤蔓必须依附于他物才可以攀爬，才可以长得茂盛啊！

坚持那么久的安晓晓，什么都靠自己的安晓晓，那一刻突然顿悟，自然界没有不依附的藤蔓。可那又怎么样，自己是独一无二的安晓晓，是非常努力的安晓晓，是世界上不依附的藤蔓。

# 蚁族的韵味

2010年元旦那天，我失去一位挚友。当时曾悄悄问自己，在新年的第一天，就让我首先经历了人生的伤感，那这一年中，我不应该再有这样的伤离别痛了吧？

可生活总得让你再次品尝痛失好友的滋味。5月初，女友钰因癌变再次住院。去医院看望她，她已开始化疗，被病痛折磨得不成人样。知道我要来，她特意用艳丽的唇彩遮住苍白的双唇，用帽子盖住失去秀发的难看。也许看到了生命停止的时间，她对我说过一句非常伤感的大实话："假如现在让我有个健康的身体，就是吃咸菜，住寒窑，我也愿意，我就想好好地活着。"原来，好好活着可以如此简单就能做到，不需要名利物质去铺垫，但是健康活着的我们，何时想过要简单生活呢？可怜的女友，在11月中旬闭上了眼睛。任时光怎样流逝，能在岁月静好的世间安稳活着，就是把满当当的幸福抓在手。

有一天，接到一个陌生阿姨的电话。她告诉我，她今年62岁，老伴儿去世多年，女儿在国外定居，儿子每天忙他的事儿，空荡荡的家就她一个人，太闷了。从报纸上看到我的手机号，就想和我拉拉家常。我立刻明白，这是一位在"鸽子笼"里独居的"空巢老人"。她每天最大的乐趣就是站在阳台上，看楼下进进出出的邻居和行人，也在不时地张望孩子们归家。她不想把自己的挂念和孩子们絮叨，用她的话说，不愿成为儿女们事业生活上的羁绊。所以，她找到了我，而我俩也成了从未谋面的忘年之交，隔个十天半月，她就会给我打来电话，我们像母女一样拉家常，听她唠唠叨叨说一些生活的酸与甜。"空巢"的阿姨，宁肯打电话，和一个陌生人交谈，也不愿过多打扰她的孩子们，对我而言这是一种不同的人生体验，但对她来说，或许有更多的悲凉与无望在其中。

9月底，先生的外甥女远赴法国学习。25岁的她自从大学毕业后，就在北京勤奋踏实地努力，匍匐在宽阔的土地上，开垦属于自己的那片小天地。她是众多"蚁族"中的一个"小蚂蚁"，住过阴暗潮湿的地下室，吃过用方便面当主食的日子，但她从来没有抱怨过。"小蚂蚁"也有擎天的那一刻——2010年9月，外甥女通过自己的拼搏，争取到去法国学习的名额。她激动地在电话里对我大声宣扬："好好奋斗，去国外继续做勤劳的'蚂蚁'。"她从网上给我发来她在国外的照片，每一张都笑得阳光灿烂。但我深知，她带给我们家人的永远是笑脸，在异国遇到的难处她都得一人照单全收，当年娇气十足的女孩，真的长大懂事了。

外甥女到法国以后，每次给我来邮件，都会用顾城的一句诗做文字的结尾："生如蚁而美如神。"我的生活不也是如此吗？每天犹如渺小的蚂蚁一样努力捕食，不过，只有这样，才能换来生活多彩的腔调韵味。

# 愈错愈美丽

## 01

2006年秋天，我把3岁的女儿送进了幼儿园之后，开始重新找工作。对于有近五年市场策划经验的我来说，职场，还是充满诱惑的。

于是，我应聘进了广州佳的广告传播有限公司，职位是公司家居饰品类的市场策划专员。因为是一个全新的行业，我给自己一个月的时间去熟悉专业知识，包括行业背景和专有名词，我的每个周末都是带着女儿去逛宜家家居，去逛美居中心，去向购买者了解他们的爱好与需求，向网友做调查……

也正因为自己的努力与重视，我入职一个月刚过，就成功策划了一个客户的市场开拓方案，并一次通过。正当我为自己的首战告捷而踌躇满志时，职场风暴却突然袭来。

我的出色表现被同事小枫当成"抢风头"而列入打击的对象——在一个大客户策划交流会上，她把我策划方案里的错别字和有争议的词句一一用红笔划出来，当着大家的面一一指出。她说，"作为广州享有较高盛誉的广告公司，我们策划的每个方案都代表着公司的业务水平，每一个错别字都会让客户对公司的印象大打折扣，甚至会影响与我公司的合作，作为一个真正优秀的策划人，在策划书里出现错字错句，都是一种耻辱……"她的话，像一把刀刺进我的心里，冰凉冰凉。其实，因为时间关系，我上交的只是草书，只供内部交流，如果上头认可，自然会再校对和修改的。但是，我没有机会解释——不论如何，拿有错别字的策划书交流本身就是不敬业的表现。

我被策划总监请进了他的办公室。总监拿着那叠被小枫划着红线的策划书，说，"我仔细看了你市场开拓方案，文字功底不错，观点也独到，营销手段很有可行性，对家居审美方面也颇有心得，但是……"总监顿一下，看看我。地球人都知道，上司的话，最重要就是但是之后的。"小枫说得没有错，你的基础很好，而且入职不久就成功策划了这个方案。但是，策划书的基本工作也很重要，不论是呈现给客户还是给同事的文字资料都要做到尽可能的准确……"

## 02

晚上，我躺在床上，辗转反侧，怎么也接受不了小枫的做法。大家都是打工的，她何必对一个新人如此赶尽杀绝？我把事情讲给老公听，老公要我高调做事，低调做人。"小枫说得是没有错，在你入职之前，她是策划部的首席策划，你刚入职，就锋芒毕露，抢了她的风头，她对你有成见，是可以理解的，作为职场新人，你要把姿态摆得低一些，把她的这种过激的打压行为当作一种帮助，认可她，接受她，可能会很难，但是，你做了，你就会发现，这次错误将对你立足办公室有很大的帮助，说不定从此得出不少职场感悟……"

我找到部门总监，说上头发给我的奖金也有同事的不少功劳，我请总监以出面组织代我请大家吃饭。

那天晚上，当我把一条包装精美的丝巾交给小枫的时候，她的脸上显过一丝不安。这时，总监发言了："这次聚餐，要感谢程葭小姐的热情赞助，也是她为感谢大家对她的帮助的一个回报……"小枫和同事们一起鼓掌，总监又继续说："我希望在座的各位能配合我一起，把这个团队打造成团结、友爱的幸福团队，目前的职场竞争是无处不在的，希望大家能够理性对待……"我站起来检讨自己："作为一个3岁孩子的妈妈，回到家就是千头万绪的家务，不像你们小姑娘潇洒，以后，我得学会抛夫弃子成为职场达人……"我的话还没有说完，小枫她们就被我的"抛夫弃子"论逗笑了。

在那一刻，我才明白原来错误，真的可以让自己得到提升。

## 03

之后，因为有了和大家推心置腹的交流，我也把同事都当作自己人，小枫不忙的时候，还会和她在QQ上聊天，她交了新男朋友，她新买了什么牌子的内衣，甚至是她的身体哪里不适，也习惯向我说说，我知道，就像她说的那样，她把我当成了大姐。

有时候，她还会主动帮我看策划书，她说以免我的粗枝大叶的毛病复发。在办公室里，能有一个这样的同事对自己说话，再好不过了。

一次，我负责把关，要呈送给客户的宣传手册竟然漏了企业的LOGO。如果这个画册交到客户手中，肯定收不到款的。怎么处理才会减少损失？有同事建议直接做个不干胶贴上去，虽然不太完美，但客户应该也会接受，而且费用也不多。有人建议重新制作再次印刷封面，损失的就是印刷和再装订费用……我想起了在某个画册上看到直接在封面上做成一个镂空的LOGO，工艺不算复杂，就是把企业的LOGO印制好之后，通过手工加工上去，精美非凡。而这些画册只有几千册，费用不会高，效果也会很好！后来，公司按照我的思路去修整了这个错误。客户对画册非常满意，特别指出封面的LOGO，非常有创意。这次疏忽犯下的错，意外地给我赢得了眼光独到的美誉。

## 04

2008年9月，公司作为承办方在广州锦汉展馆举办家居饰品展，我负责开幕式。由于同事沟通不到位，部分嘉宾没能准时到场。要命的是，因为放手给负责的同事，我连嘉宾的电话都没有！9月的广州，本身就热，看着开幕式主席台上空着的位子，我的汗水"刷"地下来了，我一向严谨，但没有想到在这个环节上出了差错。

环环相扣，开幕式的时间一分钟也不能推迟，我让工作人员及时调整了主席台的位置，撤下了不到场嘉宾的牌子，开幕式总算顺利结束了，但是撤牌子时的尴尬场景，却成了开幕式上掩饰不掉的缺憾。

在总结大会上，我主动承担了责任。总经理说："开幕式整体流程还算顺畅，这个意外本来是可以避免的，却没有想到出现这种意外。你本次的表现，我只给6分。"我接受了这个结果，但并不失落，会上我对所有配合我工作的同事表示感谢。那个负责邀约的同事低着头，不敢看我的眼睛。只是在后来她告诉我，她在早上起床后给嘉宾打电话时，有几个嘉宾的电话正在通话，后来就忘记再通知了。我笑笑拍拍她的脑袋："就知道你这丫头记性不好，不过，也没事啦！"我笑着安慰她。在职场上，给予同事小小的鼓励，会让自己更有高度。这也是我的一种领悟。

国庆节，公司搞活动，我做方案，在统计人数的时候，把自己漏掉了；元旦晚会上，总经理为优秀员工颁奖时，我把主持人的串词写错；客户联谊会上，我因为走得急，不小心绊倒了边上的同事……这些"不小心"铸成的错，同事们的评价是，我表现出了一种可爱的真实。如果错误可以用可爱来评论的话，那应该算是美丽的错误了？

就在前几天，老总找我谈话。他对我说："你有领导的风范，不仅勇于承担责任，还很有风度，犯错并不可怕，关键在于犯错后的态度及应对之道。我决定提拔你做策划部总监助理，协助总监一起把策划部的事业发展壮大。有信心吗？"

当然有信心，经历了近两年的再上岗生涯，"愈错愈美丽"不只是一句口号，因为，我已经深谙职场的快乐之道，驰骋职场，错误难免，勇于面对和修正，就一定可以越错越精彩！因为上司要的不是从不犯错的员工，而是具有反省精神、知过能改、愿意不断提升自己的人。

# 字母很无辜

医院门诊大厅，一个老人颓然地坐在台阶上，眼眶里无休止地往外冒着水，他低垂的手上拎着一张化验单。

旁边一位太婆担心他，说：没什么大不了的，现在医学发达了，啥病都有得治，你看我，20年前就查出乳腺癌，现在还不照样好好的？

老头意识到有人在和他说话，说：大姐，谢谢您关心，我没事，没事。他说话间，化验单脱手，被风带着，飞了很远。

太婆赶紧上前帮他捡起，乘机拿起来对着光看看，但化验单上，除了血脂一项偏高之外，基本没有任何异常。她把化验单拍到老头手上，说：大兄弟，你这年纪，各项指标还这么好，要是换成我，高兴还来不及呢。

老头抬起脸，眼睛里是无底洞一样的绝望，他哽咽着说：大姐，您……您不懂，这化验单，可是要我的命了！

为什么？

您看那血型。

血型，A，有什么异常？

可多年前我查过，是AB型。前段时间住院，查，居然是A型，今天，我是来复查的，不承想还是A。就是这个B，把我害惨了，它毁了我的生活！

哪有这么严重？

30多年前，我和妻子生了一对双胞胎，龙凤胎，两个孩子的到来，如锦上添花一样漂亮……

这挺好的，挺幸福！

可在女儿两岁时，一次住医院，查血，居然是O型。

O型？这有什么奇怪的？

我妻子是O型血，我当时记得自己是AB型，我当过赤脚医生，知道，AB型和O型，无论如何都不可能生下O型血的孩子！

于是，你怀疑……

对，不仅仅是怀疑，而是恨！恨妻子，恨孩子，恨天，恨地，恨所有笑着的人。一想着妻子的背叛，一想着我爱着并为之付出的孩子竟是别人的，我都快要疯掉了，连杀人放火的心都有了。我的妻子甚至不知道我为什么变得这么可怕，而当她知道原因后，第一反应，就是决定和我离婚，她说不能忍受这无端的猜忌，而我却觉得她做贼心虚。错，真是错了，一错就是几十年。这一个小小的B，像一块巨大的石头，砸烂了我本来美满如画的生活，让我怀着深深的恨意，独自过了几十年。

那，她和孩子们，现在怎样？能不能去告诉他们？

告诉？谈何容易啊！离婚第二年她和孩子们就迁到省城去了，因为恨他们，我也从没留意过她的下落，况且，即使知道他们的下落，我哪有脸再去找他们？

这个故事，是太婆在半年后当成奇闻讲给我听的，她说：一个小小的字母，可以毁灭一个人的生活。但我却觉得，在整个事情中，字母都很无辜。

# 在路上

　　远方的朋友A君，寄来一张明信片，明信片上其他什么也没有说，只写了遒劲的几个字：在路上。

　　虽然寥寥数字，已看见了A君他那一贯拒绝平庸，不贪图安逸的心态，也看见了他怀揣着一张已经揉得破皱的地图，背着行囊，远离城市的灰雾、酸雨和沙尘，远离市井的嘈杂和喧嚣，一个人羁旅异乡在路上孤独的身影。

　　不知已攀登过多少险峻的山峦，不知已淌过多少湍急的河流，或许已经经历过无数的失败，或许走了很远，又回到了原来的地方。或许曾有过瞬间，面对前面的漫漫路途，不愿再向前走，但是，当新的一天的太阳从地平线上喷薄而出，已忘记昨天的犹豫和惆怅，又继续收拾好行装，踏上新的路程，还是那样自信地告诉人们：在路上。

　　人生最壮丽的风景是在路上，那是超越日常平庸生活的呼吸，摆脱缠绕的努力。当告别了那些过眼烟云的名利、地位，当放弃了灯红酒绿纸醉金迷的浮华，当远离了人生竞技场上的狡诈和角斗，把那些稍纵即逝的东西去换成永恒的风景：感悟丝绸之路楼兰废墟上呼啸了几千年的风沙，仰望青藏高原上碧蓝的天空，红色的丘陵，在梦想中随风摇曳的青稞地，望梅里雪山上巍巍的主峰，蓝天下寺庙金碧辉煌的屋顶，注视金沙江畔春天里如海的杜鹃花，青海湖上贴着湖面飞行的神清气爽的斑头雁，以及天涯尽头旖旎的说不尽的椰风海韵……

　　在路上，更加贴切地感受大地的呼吸、大地心脏的跳动，路上有多少故事令人感动，让激情的泪水润湿眼睛。六月公路上驶过的联合收割机上那些唱着歌的麦客，他的背景是大片大片涂抹着丰收的金黄，风吹远了他的歌声；夜凉如水的街头，那个在路灯下吉他手的眼神还是那样迷惘，转过身去，午夜的剧场空荡荡；在铁路旁某个偏僻小镇的小站上，不知那个女孩是否还在那里守望，灯火阑珊，汽笛声声，把守候的心带到远方……这些在路上细微的感受让人莫名其妙地激动，莫名其妙地忧伤。歌手尹吾的《每个人的一生，都是一次远行》的歌在路上，在心中回荡，歌声依然透彻着沙哑与坚强。

《瓦尔登湖》的作者梭罗说过："一个人若是生活得诚恳，他一定是生活在一个遥远的地方。"为在物质喧嚣的狂澜中保持一种诚恳的生活状态，我们会情不自禁地萦绕着一种渴望远行的情结，在路上去体验血脉里流动的妙想。

还是尹吾的那首歌，还是歌中的那句词：

"……每个人的一生，都是一次远行。"

# 心已经老了

照镜时，忽然惊叫：我有白头发了——如临大敌，急急地拔下来，还拔错了，弹有虚发，居然拔了几根才对了。

后来，后来，英雄气短了，因为，白花花一片，至少有几十根，还拔吗？

当然不拔了。拔不过来了，于是小心翼翼地上网查，怎么可以治早生华发？

头发乌黑是因为头发里含有一种黑色素，黑色素含量越多，头发的颜色就越黑；反之，黑色素含量越少，头发的颜色就越淡……这样的说明文居然看得很仔细，那篇文章叫《头发为什么会变白》。

何首乌50克以水煎煮后去渣，加入一杯的白米和适量冰糖、红枣熬成粥……这样的偏方看上去比较可信，于是开始煲粥，天知道是多么没有耐心的人，但蹲在炉子前小心地等着，翻看诗集，上面写着"衣带日以缓，岁月忽已晚"。热气扑出来，熏了眼睛，眼睛一下子红了起来，眼泪往外逼——岁月忽已晚呀。

仿佛还是青春年少，骑着单车去樱花树下看樱花，和花期比着谁更年轻得似一滴水，转眼就生了华发。

昨天还是激情到凌晨喝酒猜拳的少年，今日走了几里路，忽然就觉得倦，就想早早回家，喝一碗清汤，趁着黑眼圈还没有出来，然后，睡去……

她来电话，从前一直要说电影音乐哲学，要列举无数的外国人名，要从国外说到国内，从唐宋说到诗词歌。今日来了电话，第一句就问，染头发，要哪种染发膏比较好？还有，乌鸡汤真的好吗？觉得皮肤好松呀。

老，就这样逼仄得来了。

她给他发短信：山药切丁，然后和黑芝麻粉、冰糖熬成浓稠糊状可以治白头发……他满头白发了，爱上这样年轻的女子，自然是更怕老，但50岁的他看上去不再年轻，虽然他说自己心还年轻，但她坐在他旁边，看着他发短信，居然把手机离得很远，一个字一个字拼着……眼泪，就那样狂泻了出来，原来，他眼睛都花了呀，原来，他发的每一个短信都如此珍贵呀，岁月已晚是什么心情？连狂傲的李敖都说，老掉了呀，老掉了。他说，我一周6天一个人住阳明山上，让小他30岁的太太适应没有他的日子，因为，他注定会提前离她而去……我听得心酸，心里一片凄怆。

书上说，"从额经头顶到后枕部，再从额部经两侧太阳穴到枕部。每次按摩1～2分钟，每分钟来回揉搓30～40次，以后逐渐增加到5～10分钟。这种按摩可加速毛囊局部的血液循环，使毛乳头得到充足的血液供应……"她把这条短信发给他，他笑了，说，你还真信呀丫头。

她不信。可是，宁愿相信这样可以使头发变黑。变黑了，他就像年轻人一样充满自信了，如她一样的年龄了，这个动作很重复很烦躁，她只用了一次就再也坚持不下去了。可是，有一次她和他在一起，发现他一直在做这个动作，一直在做，他说，也许管事呢，也许呢。——那才真叫心酸，刹那间，发如雪，谁和时间作战，必败无疑，时光真无敌，时光真短呀。

别以为自己年轻，别以为。

我小侄女，一头茂密黑色短发，一身白衣裙，宛如仙子一般站在我身边，高挑明亮，多像天使。我想起20年前，我也同样的衣着站在家里的枣树下，妈告诉我，这种树呀，最晚开花，最早落花呢。我呆了一下，看着5月的花，嫩绿嫩绿的小花，淡淡的香气扑出来，也就一瞬，它就落了呀，最晚开花，最早落，多像这又美又短暂的青春呢……其实光阴已向晚，早晨的阳光一点点抖落了，从发现第一根白发开始，年轻的容颜走向凋落，我急着吃黑芝麻粥，急着用最好的眼霜……这些无济于事的东西，它不过是替我抵挡一阵时光的乱箭，总有一天，时光真的兵临城下，缴了我的械，我彻底沦为败寇，总有一天。

我愿意我在向晚的光阴里活得从容而淡定，在时光中闻到甜美和清淡的气意，在盈盈转身时，如最美丽的青衣，水袖一拂，满是那风华绝代的身影……

我真贪婪——连老，我都渴望是一种华美的老，虽然知道，老有一种腐朽的味道，那老人的味道，离得再远，也闻得出来。所以，我理解了张爱玲，她远离了人，是因为，不愿意让别人看到她的老，也有一个法国影星叫碧碧，50岁以后，家里不让装镜子。

京剧派中有一种说法是错骨而不离骨，不温不火、不嘶不懈，涩中带滑，我忽然想这岁月忽已晚的日子，大概也是这样，打马扬长而去，唱着"未开言不由我珠泪滚滚"。那是《让徐州》里面的第一句，言菊朋唱的，我听到后，眼泪流了出来，我知道，尽管我还年轻，可是，我的心老了，心老，那才是真的老了呀。

# 拥有美好

在心情最糟糕的时候，我竟然认为自己的生活便是一团废墟，其实也就是一团废墟。

可是有时候，即使心情好了那么一点，我也有可能朝着太阳，自己安慰自己说：好吧，你说是废墟便是废墟，但是废墟不也是一种美，一种力量吗？如果你把浮华看得太重了，浮华落尽的时候，便是废墟；废墟就会提醒你：曾经的伟大和浮华也会不堪一击，而平凡的、真实的、亲近大地的生活总是默不作声地站在我们身边，等待你去发现它，笑脸相迎，拥抱它。

在这珍贵的一刻，我竟有勇气为废墟重新命名了，废墟不再是废墟，而是一种价值和意义的载体和象征。原来生活就是不断地为自己重新命名，人生也是不断地为周围的世界重新命名。

其实哪有完完全全，除了坍塌、破碎、死寂和绝望便一无所有的废墟呢？阳光还会照耀它，风还会过来吹拂它，藤蔓会曼妙地爬过来，在这里扎下根的树木会一年高过一年，花草引来了蜜蜂、蝴蝶和昆虫……甘霖从天而降，苔藓的柔情包裹住了巨石们坚硬的历史，"时间能埋葬一切，也能葱茏一切"。每当需要换心情的时候，我都会来郊外看看这片废墟，看似被人们遗忘的地方，照样会有"葱茏"的生命，其他地方应有的东西，这里也一概不少，甚至多一些肃穆安详、引人深思的景象和气质。我慢慢地走，或者一动不动地坐着，看天看地，看云看风，看自己看命运，看倒下的废墟又是怎样转身为一个庇护小草小花小芽、安顿小虫小鸟小兽的美丽所在，雨水在浇淋它的时候，也在滋养着它，成全着它。因为即便断裂、坍塌和破碎了，沉默坚忍的大地也深情地承载了所有的废墟，废墟是倒在大地上，而不是落进可怕的"黑洞"，在绝望的同时，希望也飞临了，只是太多的人看不见。生活不也是这样吗？倒下的，失去的东西，不会全部化为虚无，不会永远从中无所站立；哪怕人生里只剩下废墟，我也要转变对废墟的看法，它并不是一种"无"，不是需要急急忙忙朝外倾倒的东西，而是另一种"有"，可以凭借它邀请风雨，邀请生命，邀请另一种命运——靠着青草的鼓励，一棵崭新的树木在生活的废墟中坚定地站立了起来，而且挺直向上，持续成长。

在废墟中苏醒、站立和成长无疑是异常艰难，当我眼睛只盯着废墟，看不到大地对它一往情深的承载和爱，想不明白废墟对其他生命的吸引力，或者说到其他生命心目中原本没有什么废墟的道理，我显然就没有勇气去走出应有的第一步，哪里是命运对我残酷，而是自己对自己残酷，因为目盲的暗黑而让原本应该抗争的心疲惫了，麻木了，失落了。如果说这个世界上真的存在着一无所有的人，那么我尚有废墟可用，岂不又是幸运？只是我还不够豁达，不够坚强，不够智慧，不能劝好自己：能够视自己的废墟为美，而不仅仅是从身外的废墟上发现美，能够从自己的生命里寻找希望，迸发力量，而不仅仅是依赖他人、外物和所谓的成功。我承认身为一个人，我是不幸的，可是怎么妄想着去逃避和剔除不幸？废墟早已尘埃落定，我拥有并能够运用的难道不就是眼前的废墟吗？我只是不敢承认：是我的就十分美好，哪怕只是一团废墟！我曾经追求的，实在太浮华了，我曾经索要的，实在太繁杂了，所以一时接受不了命运交给我的那些废墟，更没有可能重新认识人生的废墟，并且给它重新命名。

诗人说，植物一生只做三件事：开花、落叶和结果。实际上，这三件事也是一件事：生长，或者说画出一个生命的圆圈。我在郊外的废墟里观察一株草、一棵树，它们一生所需真的不比我少，不是少一点，而是少得令我羞愧：它们只需要阳光、雨露和泥土，这泥土甚至只是废墟中的砂石和生土，而不是奢华花园里的沃土和堆肥，没有这和友谊，没有生的狂欢和死的恐惧，没有生活的困惑和人生的追问，却偏偏活得如此简单、美丽和富足，以至于让诗人含泪惊呼："在春天，植物的幸福不会少于一个正处于热恋中的人！"是的，我也认为一个人只有在热恋时才是最幸福的，是人生的建筑物最辉煌壮观的时候，因为他（她）所需最少，他只要有她，她只要有他，就足够了。然而热恋总会过去，一个人的所需会增添得越来越多，他一边建筑，也一边落下废墟，只不过有的废墟多一些，有的则少一些。诗人要我们去学习一株植物，是想让我们活得简单再简单一些，没有谁认为将来倒下的树木会成为一种废墟，它简单到除了花果、树叶、枝干外，再无其他，美丽倒下来依然美丽，曾经被生命享受过的富足连死神也拿不走，没有在生命中成长和享受过的富足也都是可疑的，只有身外之物最终才会成为真正的废墟。

我想努力地知道，跟我有关的东西，最后有哪些东西会成为废墟，而哪些不会。这未免又有一些"不像植物"，虽少了对身外之物的贪念，但内心里对自身活法的考虑还是多了些。要开窗户的时候，真的也不是非要鸟鸣做伴才行，拥有阳光的照耀、花香的沐浴和星星的遥遥相望，一颗心就能够陶醉永远。想想吧，当时光匆匆流逝，花已逝，而香如故，只有我和我爱着的人才会留在这里，交给这个世界的是废墟，或者不是废墟，甚至无所谓废墟，我还有什么理由对还能够把握的美好无动于衷，视而不见呢？在浮世曲折的沧桑里，我希望自己只为美好而活着，这自然包括那种美好而简单的废墟，"有门，不用开开，是我们的，就十分美好"。

# 月光台的规矩

从我居住的城市一直向南，进入天山深处，有个叫"月光台"的村子。

月光台只有百多户人家，有蒙古族、哈萨克族、维吾尔族、回族和汉族，五个民族的村民世代居住在这个深山小村里，守着他们的牛羊马和骆驼，春夏放牧，冬天大雪封山，哪也去不了，就一边喝酒一边等候春天。

月光台村的河里、山里盛产一种叫"玛纳斯碧玉"的玉石，不喝酒的时候，村民们就进山采玉，来年春天卖给玉石商。

我第一次到月光台村，是和另外四名玉石收购商一起，去找哈萨克族村民居马别克，他是月光台村资深的采玉人。

居马别克说他昨天在山里发现一块几百公斤重的玉石，玉石商都很兴奋，嚷着要看看，居马别克一口答应了。

骑马过河，弃马翻山，四个小时后，我们终于见到了玉石，果然好成色，市场价至少30万。

居马别克开价7万，并不算高，可我们五个谁也没带那么多钱。居马别克出了个主意：我们一起凑出7万块，把玉石买下来，卖出的钱五人再平分。没人同意，玉石再值钱，几人一分，落到手里的也不多，谁都想独自收购这块玉石。

这么好的玉石没买成，我们都感到可惜，但居马别克很高兴，他说："这下我知道了这是一块好玉石呀。"

他从马背上取下一罐红油漆，在玉石上把自己的名字，用蒙语、哈语、维语和汉语各写了一遍。

"这有什么用！"我们很好奇。

"告诉村里人，这块玉石是我发现的，是我的，别人不能动。"居马别克把名字又描了一遍，然后说："等到冬天河面结冰了，我就能把玉石拉出去了。"

我们一愣，大笑起来，现在是七月份，等到冬天河面结冰，至少还有三个月，三个月里，会有很多牧民上山下山路过这里，难道会视玉石而不见吗？这个居马别克疯了吗？

"这是我们月光台的规矩，遇到写了名字的东西，谁都不许打歪主意，否则就是偷。"居马别克告诉我们。

这算是什么规矩呀？别人占为己有的方法有很多，我们七嘴八舌地议论起来，心想，可怜的居马别克呀，这块玉石最终会被偷走！

"偷东西怎么会没人知道？天知道呢！地知道呢！山知道呢！月光台知道呢！"居马别克很吃惊，然后同情起我们，"你们没这样的规矩呀？那真可怜！"

采玉很艰辛，为了让大家都赚钱，月光台的村民们约定：结伴采玉的，无论谁发现了玉石，卖出的钱大家要平分；单独采玉的，玉石一时拿不走的，写上自己的名字，后来的人不能拿走；需要找村民帮忙运玉石的，发现人只能得到卖价的六成钱，另外的要分给帮忙运玉石的人……太不可思议了！我们五人又被这些规矩逗乐了。

12月份，看到天山披了积雪，我赶紧给居马别克打电话说："7万块钱准备好了，那块石头谁也别卖呀，我要买……"

"晚了。我上个月找人把石头运出来，拉到乌鲁木齐卖掉了，每人分到两万块钱。"

居马别克还用生硬的汉语说："你们五个人都给我打电话了，可都晚了。"

"按月光台的规矩，我们每人得到两万块钱，你们没规矩，啥也没得到……"居马别克替我们惋惜不已。

很多时候，我们害怕利益受损，顾虑重重，结果什么也得不到；而看似不可思议的简单规矩，却能保障受益，只是我们都以为那太荒唐，而自作聪明弃而不用。

# 遇见好医生

　　饭席上，不知怎的就聊起好医生。好医生是什么样的？在我们本市一个不起眼的诊所有这样一位牙科医生，在问诊了六岁小丹丹不整齐的牙齿问题后，教小丹丹的奶奶："回去让她啃整苹果啃玉米棒，记住，啃整的，不要切片、玉米也不要剥下来，这样坚持到换牙！"于是，丹丹的奶奶遵医嘱，给孩子啃苹果啃玉米棒。后来，丹丹换牙，原先不整齐的乳牙依次脱落，长出的新牙全部齐整漂亮！在看这个牙医之前，小丹丹被带去过各医院牙科，大夫们的口气都很肯定："等她长大些进行矫治！"现在，丹丹十六岁，牙齿如齐整的鲜贝，笑起来很美。

　　丹丹的姨奶奶牙齿也有问题了，就去找姐姐说的这位"好牙医"。好牙医建议她"饭后三分钟刷牙三分钟"，并且给了她牙线教她如何使用，没要一分钱，姨奶奶过意不去，说："医生，你给我开点儿漱口水吧。"好牙医说："你要漱口水，不如回家用淡盐水漱口。"就这样，姨奶奶只花了挂号钱，就看了牙病。好医生就是这样：舍难求易舍繁求简。

　　桌上另外一个教师朋友说，他的一个学生，吃完饭反射性呕吐。到各家医院诊治均无效果，孩子悲观，父母着急，这时，遇到一位好医生。好医生建议：每天早上，下碗面条给孩子吃，吃一个月就会好。结果，吃了两个星期就好了。因为孩子胃酸多，面条里的碱恰好中和过多的胃酸，所以就好了。一针见血、切中要害，手到擒来、化病痛于无形，有时好医生很像传说中的大侠，让人敬畏崇拜感激。

　　一位医生朋友讲了一位医学专家的故事：一位老妇人肚子胀疼，辗转各医院拍过片子、做过B超、做过钡餐透，不得要领，来到了专家身边。专家说："来来来，躺下让我摸摸你肚子。"老妇人当即就哭了，说，我走了十来家医院看过十几个大夫，您是第一个给我摸肚子的人……"后来呢？"我们都很好奇。医生朋友笑笑："后来就不晓得了。"但我们觉得妇人到了这样一个负责任的医生这里何愁不得好呢？好医生就是这样：细心、体贴、周到、亲力亲为。

我们桌上的医生朋友也是位公认的好医生，他看病时爱说："没关系！会好的！"这样的话传递出一份果断和自信，让人心安。有的医生交代病情似股市预测，一嘴模棱两可，让人听了心惊肉跳。所以，我欣赏这位医生朋友。我刚刚带家人去外地看病回来，对看病的艰难深有体会，遇到好医生是福，遇到孬医生是祸。

饭店的墙上恰好有一幅字，很想拿来赠给我们口口相传的好医生："君有德，福自来！"并由此想到一切职业以及职业之外的做人原则：君有德，福自来！

# 追求一个真实的人生

多年前，住在郊区的一个小镇上，旧家的旁边有一户人家，拥有一个独立的小园子，春天的时候，微风轻轻地掠过，篱笆边的蔷薇花便会得意地摇晃起来，一阵阵馨香便会越过篱笆和路人打招呼。

那些花儿开得美，开得艳，开得热闹纷繁，像浪漫的十四行诗，像印花信笺的纸张，有暗香盈袖，自顾自地优雅芬芳。有黄色的，有粉色的，还有白色的，偶尔会有几枝伸出篱笆外，招惹得孩子们伸手去摘，结果被花刺扎到了手，孩子哭了，大人却笑了，说，这孩子可真淘气。说完，兀自走开，我却想起一句诗：满架蔷薇一园香。

那时候，真的很羡慕有这样一处小房子，在高楼林立的都市里，能有一个独立的小园子，无疑是很奢侈的。小园的主人是一个年轻的男人，30岁上下的样子，很有些文艺男青年的范儿，高高的个子，有点瘦，平常不大跟邻居们来往，和老奶奶、一只大黄狗、一只小花猫生活在一起。

老太太的牙齿掉了，也不去镶补，说话漏风。大黄狗常常是瞪着足有200瓦的眼睛，探照灯一样盯着过往的行人，一副忠心耿耿的样子。只有那只小花猫挺活跃地在窗台上跳上跳下，偶尔我们家炖了鱼什么的，小花猫会闻着味不请自来，当一回不速之客。

这样的一家子，4个成员，很和谐地生活在一起，其乐融融，从来没有和邻里拌过嘴。

有一段时间，不知为什么，年轻的男人迷上了手风琴，在月光如水的夜晚，一个人在月下拉琴，琴音如泣如诉，如水一样轻轻地流淌着，有些忧伤，和着风的声音，一缕一缕地直往耳朵里钻。我静静地听着，感觉像风轻轻掠过田野，苹果花儿都张开了小嘴儿。树木轻轻地摇曳舞蹈，一滴水滴落湖心，月光碎成一池的浮萍……

那些忧伤的情绪像丝绵一样紧紧地裹住我，我透不过气来，越想挣脱，就越挣不脱，于是，抱着手臂，在屋子里烦乱地走来走去。

有邻居忍不住，从窗户探出头来大声呵斥："神经病，半夜三更不睡觉，拉什么琴啊？"

琴音戛然而止。

我掀开窗帘的一角，努力向那个小园子眺望，那个年轻的男人抱着风琴，孤独地站在月光下，轮廓模糊，一动不动，像一幅剪影。

我暗自揣测，他一定是遇到了什么不开心的事，不然不会如此。

如果那个邻居不是先于我而大声呵斥，我想我也会说他几句的。那时候孩子尚小，我担心这样的音乐会影响他的身心健康，影响他的睡眠，有人制止他，我就不用跟他交涉了，于是长长地舒了一口气，如释重负。

可是第二晚，音乐重又响起，这样断断续续，持续了好几个月，奇怪的是，孩子并没有因为音乐的影响而出现异常，相反，却在音乐声中睡得很安稳踏实。

多年后，听尤静波的《孤独的风琴手》，那么熟悉的旋律，让我想起月光下，那个孤独的拉风琴的男人，我恍然大悟，那个旧邻居、那个年轻的男人，之所以那样疯狂地拉风琴，是因为他失恋了，他是在风琴声中疗伤，用音乐疗伤。

很多事情，只有经历过以后才会明白，人生的任何一个环节，任何一个过程都是美丽的，包括失败，失恋。失败也好，失恋也罢，此时此刻，会觉得难受，难过，可是经年之后，想起自己曾经那么真实地心疼过，流泪过，就不会遗憾了。唯其过程，才能印证，我们曾经来过这世界。

人生的过程，不求完满，不求完美，只求真实，只求真诚。

# 自己给的幸福

办公室里坐在我对面的梅子是一个妙人。

快四十了，还那么讲究：体重严格控制，衣服合理搭配，头发每天一洗，鞋子必须无尘。办公室的抽屉里，杯子就有四只，分别用来喝红茶、绿茶、花果茶、咖啡。用梅子的话说："我是一个有纪律的人。"办公室不忙的时候，大家嗑牙的当儿，梅子就学英语。问她有什么用，答曰："喜欢英语的优雅流畅。"

看到梅子，总是让人神清气爽。她的原则是女人无论什么时候都不能放弃自己，都要有自己的精气神："老了，失恋了，离婚了，没升职，都成了自暴自弃的理由，这哪成！多大点事儿呀，就这样赖地上不起来，太娇惯自己了……"对于梅子的妙人妙语，我五体投地。

谁也没想到，就这样一个精彩的女人，老公还会旁逸斜出，继而婚变。

她的老公是我们系另一个教研室的主任。故事情节很老套，第三者是海藻一样的年轻姑娘。怀了孕，主任选择对她负责。

梅子利落地离了婚。

办公室那些天气氛尴尬：两口子都是我们的同事，她老公还是不大不小的领导，对于这件事，大家只能三缄其口，不予置评。再想想梅子之前说过的那些什么自暴自弃的话，不禁想：这不是一语成谶吗！

梅子却真的不是纸上谈兵。

离婚后，对前老公的出轨种种，梅子没在背后说过一个"不"字；前老公举办婚礼迎新人，我们教研室的人为表达自己的立场，一致决定不去参加。她劝我们参加，说怎能因为她一个让全系的人尴尬；时间多了出来，梅子去练练瑜伽，学学画画，妆容也更加精致。离婚后的她，愣是没露出灰败的景象来。

话虽如此，我还是为梅子的将来担忧：快四十了，还带着一个十几岁的女儿，难道还能嫁一个同龄的青年才俊吗？

梅子私下里跟我说："小雅，别为我发愁。经过这件事，我发现：真正的幸福，是自己给的。"

我相信梅子的能力，即使不嫁人，她也可以继续做她的精彩女人。

可别人不肯。

这个"别人"，是我们学院的一个来自美国的外教。我们叫他奥斯卡。

奥斯卡比梅子小两岁，来中国是因为想学习中国的文化，等做够三年，还得回美国继承家族产业。他说梅子"太漂亮啦"。英俊的眼睛里毫不隐瞒对梅子的爱意。对于梅子的女儿，老外毫不介意："都是上帝派下来的天使。"一个又豁达又有趣的男人，充满美国风味。

如今，梅子把女儿提前送到了美国去读书，梅子也正在办各种手续，只等奥斯卡期满，就一起飞往大洋彼岸。而美国的准公婆，已经帮梅子申请好了大学。到了美国，她准备去攻读心理学的博士学位。

梅子的眼里流光溢彩，跟我说："我们有爱情。"

真相终于大白。

生活之所以给梅子开这么大一个玩笑，是因为她身边的那个男人和她已然不再般配，当然要给她换一个，否则怎么行？

你只管负责精彩，老天自有安排。

# 用用淡定
# 这味药

**5**

人生就是一次长跑，
输赢得失都是暂时的，
从容淡定，张弛有度，
才是人生的大智慧。

# 孤独的鲸

在太平洋北部的海域里，有一条鲸鱼一直孤独地来回漫游了22年。这一现象很不正常，因为鲸鱼是群居和敏感的动物。生物学家跟踪研究发现，它发声的频率明显不同于其他鲸类，所以，它一直找不到同伴，始终孤单着。

没有回应的发声频率，就像人类生活中没有回应的倾诉，没有沟通的空白和寂寞。沟通交流就像日常生活中的水、空气一样，是必需的。在大学校园里，常常有同学为自己的沟通能力暗自着急上火或者纠结郁闷。如果，你不想成为孤独鲸，那么你需要学会找到沟通规范的频率。

## 偏离情绪舒适区

人和人之间的交流很快会产生一种规范，并且固定下去。这种规范就是当你做了某些行为后，外界给你一个正向的强化，你就会继续去做。处在规范内部的交流不会出现问题，这就像很多同学在网络上习惯用短句，看到帖子会回复"沙发""顶""赞"等。但是到现实生活里，如还是这样说话，那么很多时候是沟通不了的。也就是说，规范与规范之间的交流是存在问题的，需要我们适当地进行调整。

人的情绪就像仪表，平时合适的时候指针是在中间，两边是会让我们感到不合适的区域。每个人的心理舒适区也不一样，有的人宽一点有的人窄一点。大部分时候，我们都是愿意停留在舒适区，并不愿去改变，但是我们总是要和别人相处，沟通交流时必然要有所改变。当你的指针应该有所晃动而你坚持不动时，沟通的不顺畅就出现了。

对于想要改善自己的人际沟通能力的同学来说，最让你难受的部分就是你最需要改进的部分。在人际规范里，因人而异，有的地方碰撞多有的地方碰撞少。比如，当你发现自己的人际交往不顺，或者在跟人交谈中出现了很吃力的部分，你要注意了，这很可能是对方的沟通规范与你不同。改变意味着你不再待在情绪的舒适区里，会本能地有所抵制。

## 能写出才知是什么

很多时候，我们在遭遇到沟通的规范与规范之间的碰撞时，情绪会直接反映为不好、不高兴、不爽。对于想要改善人际沟通能力的同学来说，需要先做一些关于自我情绪的功课。

情绪的细分是对内心的剖析，而且是可以自我训练的。

首先，把自己目前的情绪写下来，请列出10个好的和10个不好的心情。事实上，大部分人写不全10个情绪，不好的情绪能写7~8个，好的情绪也就能写5~6个。这是因为我们对坏的东西总是比较敏感，印象更深刻一些。

其次，当你坚持写下自己的情绪，并且随手就能写出10个以上的好情绪、坏情绪后，你需要去分辨自己的情绪究竟是哪个，分辨清楚后尝试描述出来。比如你见到一个人很高兴，是手脚都很轻快？手心发热，脸颊很烫？耳朵里有潮水一样在冲在响？整个人有向上飘飘然的感觉？这时候，你要尝试用不同的方法去描述自己的感受。比如，狂喜和欣慰，你会发现很多时候你描述起来没有特别大的区别，这并不是语言功底的问题，是你对自己的内心认识得不够清楚。

学会分辨自己的情绪后，你也就知道了自己内心的真实感觉，在聊天沟通中你会准确地把握自己的情绪。同时，你会莫名其妙地发现本来不属于你的情绪，那是来自对方的。比如，谈话中突然感觉不耐烦，这不耐烦未必是你的，而是对方的，通过他的表情、语气、声调、身体的姿势，传递给你，你会感觉到。或者是谈得欲罢不能，也是这样感觉到的。

正确分辨自己的内心情绪和感受，是一个人成长的第一要素。如果连自己都不了解的话怎么去了解别人表现出来的东西？

孤独鲸可以在大海中漫游这么多年，人是不能承受没有回应的世界的。沟通交流的改善不是刻意地学那么多的技巧，而是从自己着手，在不同的默认规范中不断调整。

# 好爱情的标准

那时候很看不起一对恋人每天保持着乐呵呵的状态，没有争吵，没有误会，没有幽怨，没有纠结，也没有伤害。就像两个没脑子的人在一起看一出浅薄的喜剧，终日乐得毫无缘由，乐得没心没肺。

大学时同寝室的女孩谈恋爱便是这种状况，每天看她跟那男孩乐呵呵出去又乐呵呵回来，问她有什么可乐的，她说来说去，无非是吃了什么好东西，看了什么好电影或对方说了什么每个恋爱中的男人都会说的话……

有那么高兴吗？

还真有那么高兴，连他在路边花园给她偷一朵月季花，她想起来都能高兴两个月。而听她说，他也能为了她手织的一副简单的毛线手套没完没了地高兴……总之，我们总结他们，是一对情商过低的男女，那种情商，压根就不可能触摸到爱情的真谛。

爱情是什么？当然是梁山伯和祝英台、罗密欧和朱丽叶……是一切以此为标杆的山盟海誓、地老天荒、天崩地裂……即使无须面对生死，也一定会经历波折、纠结和疼痛。

疼痛才是爱情的极致感受吧？而不是从头到尾浅薄的快乐。

那算什么爱情？没有眼泪算什么爱情？没有疼痛算什么爱情？

可他们就那么浅薄地快乐到底了，毕业后半年就结了婚，住在租来的小房子里，房子离女孩工作单位很近，但男孩每天却要坐一个多小时的公交车上班。两个人收入也不太高，偶尔出去吃顿饭就像过大年一样开心，没事逛商场，只逛不买，看看就知足。谁都不嫌弃对方不够上进，也没有谁担心过彼此会变心或背叛，偶尔为小事拌两句嘴，三分钟不到就和好——一直进行着恋爱初始的快乐状态。

可是，有什么不好？若干年后，在一次次经历了爱情的伤感和伤害，想起所谓爱情深刻的疼痛便不寒而栗的时候，猛然发现，简单的快乐又有什么不好？而一度崇尚的刻骨铭心、天崩地裂的爱情，又有什么好呢？我们不是天生的受虐狂，我们爱一个人肯定是为了和他相伴到老，而不是生离死别；肯定是为了快乐而不是悲伤——即使悲伤也是快乐的铺垫吧。

终于觉得梁祝那样的爱情过于悲凉和惨烈了。两个相爱的人，到死都不曾享受过爱情的快乐和美好，再深刻有什么用？深刻得连命都没了。如此，就算给我们一万次机会邂逅这样的爱情，你要不要？

反正我不要。疼过了才知道每个人都怕疼，都贪生惜命，我虽然虚荣地崇尚过爱情的痛彻心扉，但事实上骨子里我更愿意追捧人生的快乐。

哪怕这快乐是浅薄的。

可是什么才是深刻的？忧伤？哀怨？疼痛……它们只是在字面上听上去更生动一些而已。它们的发音比快乐似乎有点儿情调，但不过都只是两个字。选来选去，我们也会选择后者。

那么好吧，你怎么才算爱我？当然是你能够给予我远离伤害和疼痛的快乐。

于是成年后，我们修改爱情准则：谁令我快乐一生，谁便是最爱我的人。

即使这样的标榜同样令新成长起来的女孩子取笑鄙薄。没关系，我不在乎，不在乎你们说这样定义爱情是因为我不再年轻了。说真的，如果我很年轻时懂得这个道理，我相信我一定比现在幸福很多。

《北京爱情故事》中的小伍说，一切都要以快乐为基准。

一切的范围很广，包括工作、生活方式，当然，也应该包括爱情。现在明白，快乐的爱情才是好的爱情，所有以深刻为借口的曲折伤害，才是真正的浅薄。

# 回　家

打开每天的报纸、网站、电视，重要位置多被天灾人祸占着，触目惊心。而这些天灾人祸又以惊人的速度更新着，人们甚至来不及记住标题，就被新的天灾人祸顶掉。

在我看来，天灾是因为自然失去了安详，人祸是因为人心失去了安详。

现代人最大的痛苦是什么？说是焦虑，大概不会有人反对。而焦虑又是如何生成的，怎么出现的？在我看来，一是无家可归，二是找不到回家的路。

当你漂泊一生，回到老家却发现那个家已经不在，那是一种什么感觉；当你身处迷宫，却总是找不到出路那是一种什么感觉。

因为无家可归，人们筑财为巢，筑权为巢，筑名为巢。

食品危机，健康危机，感情危机，安全危机，教育危机，文化危机，环境危机，等等，因为找不到一条回家的路，人们从未有过地慌乱和空虚。

为了填充这种慌乱和空虚，只有以加倍的速度来掩饰，只有以拼命地忙碌来掩饰，只有以财富的积累来掩饰；好抓着速度、忙碌和财富让生命暂时逃避掉这种要命的慌乱和空虚。

生命进入一个巨大的两难：要么被速度累垮，要么被焦虑击垮。最后，速度本身又成为一个焦虑。生命的高速公路上，残骸历历。

更有一种人，因为迷失日久，他们压根就不记得还有一个家，或者压根就不相信还有一个家，也不相信一条回家的路。因此，他们以速度为家，以效率为家，以欲望的满足为家。

利益的最大化成为他们生命的全部。为此，不少人直至把车开到不择手段那个道上去。

由风景和速度而生的焦虑再度产生。

旅游业的兴盛正是这种焦虑的副产品，正是因为人们在平常的日子里看不到风景，在最近的心的花园里看不到风景，风景才成为一种饥渴。

餐饮业的兴盛正是这种焦虑的副产品，吃已经不再是吃，而是满足人们的一种填充感。

房地产业的兴盛正是这种焦虑的副产品，正是因为人们无家可归，才拼命地置家。

在我看来，是四种飓风把现代人带离家园。一是泛滥的物质，二是泛滥的传媒，三是泛滥的速度，四是泛滥的欲望。这四者攻守同盟，狼狈为奸，织就一个天罗地网，让天下无辜难以幸免，难以逃脱。

四种飓风之所以能够得逞，一个十分重要的原因，就是常识的缺席。因为这个常识的缺失，人们一点儿免疫力都没有，一点儿办法都没有。

而消除这种焦虑的唯一办法就是回家，这是一条经过许多人证明无误的路。

# 聆听岁月流走的声音

## 01

有一段时间，我失业在家，心情很糟糕，母亲从老家来陪我。

早饭后，我坐在窗前写字，手上的纸片翻来覆去，几个人物与情景怎么都难有完美的衔接。我有些恼火，把键盘敲得啪啪响。母亲正在厨房里收拾碗筷，我让她帮我沏一杯咖啡。

母亲答应了。从厨房出来，却是一杯绿茶，翠绿的叶片在透明的玻璃杯里慢慢舒展开来。母亲说："喝这个吧，比咖啡好。"

母亲去阳台照顾那几盆植物，没有什么奇花异草，只是几株芦荟和一盆红掌。母亲手执花洒，轻轻浇在叶片上，再用一个小小的软毛刷子，慢慢刷去上面的尘埃，说是刷洗，看上去轻柔得倒像是拂拭，一下一下，仿若怕惊扰了它们，然后再次浇水冲洗。几分钟后，那几株植物便焕发出新的生机来。

这几株植物一向放在我的电脑旁，眼睛疲惫时我便瞟一眼，从没有想到要给它们洗个澡，忘却了亮丽它们的同时也可以擦亮自己的眼睛。

我看着母亲做着这一切，有细细的阳光照在她身上，照着她渐白的发和平静的容颜。我看着母亲，忘记了适才的种种焦虑。

母亲说，做人做事不可太过急躁，总该有时间做些无用的事，安抚一下自己的心。

## 02

一个周六的早上，醒来时，我随手翻开床头一本宋词解析，一句"绿杨堤下路，早晚溪边去"闯入我的眼帘，我心下一震。词作者魏夫人早晚到溪边去，凭栏远望，思念远方的夫君，而我有多久没到溪流河边走走，疏散一下自己困顿的灵魂了。

原本约了好友一同逛街，我给她发了一个短信说："不去了，今天我想静一静。"她回复我一个字"酸"，我看到后笑了，然后起身到河边去。

清晨的河边，垂柳依依鸟鸣婉转，难得的静谧。走到一座木桥上时，我看到有人在桥侧钓鱼。已经撑起了遮阳伞，钓鱼的人站立着，手持鱼竿，眼睛凝视水面，他身侧的地下，是一个鼓囊囊的背包和一只小水桶。

走过他身边时，我朝小水桶里望望。半桶清水里，只有一条小鱼游动，旁边半开的包里，有面包饭团水杯之类。莫非连午饭都带来了？那人此时转过脸来，似乎看出了我的疑惑，朝我笑笑："每周都有一天，我在这儿安营扎寨。"

我再次惊讶，很年轻的脸，也许不到30岁，一直以为能安心钓鱼的人都是五六十以上的老人，他不觉得这样待在河边是浪费时间吗？

我想起自己，平时忙于工作，周末忙于逛街购物，连假期旅行都是匆匆来去，似乎怕时间一慢下来，便错过了挣扎向上的机会。

可是这钓鱼的人，他这样从容悠然，将自己的一天交付于这绿柳红花、清水游鱼的恬静天地，难道不是在享受时光吗？

## 03

我习惯于黄昏时分到小公园里疾步走，公园里围绕中心湖铺了一条橡胶跑道，每天都有散步、疾走或者跑步的人。时间日久，渐渐对常来练习的人觉得面熟起来，某天哪个没来，某天又有了新面孔，似乎心里有了个大概。

几乎天天风雨无阻的是一位老人，他在一场事故中受了伤，初来时坐在轮椅上，现在渐渐能够下地，跛着脚慢慢走一段路。他的轮椅停在跑道边，他以轮椅为中间点前前后后练习走路，很是艰难。

我为他感到难过，这样的年纪遭受这样的折磨。有一次，我走得累了，刚好在他不远处停下喘口气。看他一扭一扭走近，我想去搀他一下，他朝我摆摆手。

我想安慰他几句，问他："老伯伯，您看过《我与地坛》那篇文章吗？"没想到，老人爽朗地笑了，他说："我自知没有才华，成不了史铁生，但是，在这园子里，我也可以跟他一样思考生命与人生。"

我有些惭愧："我以为你会很难过，没想到却这样豁达。"老人说："刚开始确实难以接受。可是一段日子以来，心情渐渐平静，时间慢下来，得以看看一草一木，一花一叶。"

告别老人，我走在回家的路上，心里盈怀着浅浅的喜悦。

# 猛虎细嗅着蔷薇

"佩带花环的阿波罗，向亚伯拉罕的聋耳边吟唱，我心里有猛虎在细嗅着蔷薇。"

好诗。

可是一只猛虎嗅蔷薇，你晓得人家蔷薇乐意不乐意。

好比我们赏花，撅着屁股，凑得近近的，鼻子都要杵进花心里了，眼睫毛都要把娇嫩的花瓣扎出一排洞眼。

又或者伸出柔荑，轻轻掐下一朵花来——

对人来说，这叫风雅。

对花来说，这是个什么玩意！这么怪，大脚板把地板跺得咚咚响，吓破了我们的小心脏；鼻子长得像白毛象，还伸进来乱嗅乱拱，鼻毛都能数得清，呕——

眼睛上还长一排铁刷子，喂，别凑这么近！

啊！一朵好姐妹被这只怪物用长满体毛的爪子把脖子拧断啦，把尸体还给戴到它自己的头上，呜哇哇——

瞧。

我们眼里的蚂蚁，多么微乎其微，对于一朵花也是一只扛着大铡刀的恶狼，它们钻进它的花蕊，噬咬它的花瓣，或者不顾它是疼还是痒，径自排着队浩浩荡荡爬过它的身体。它也不能动，所以只能既恐惧又恶心。

一头猛虎细嗅蔷薇，从老虎的角度，也许它的心里有朦朦胧胧的一点什么感觉，但是不耐细追寻，一追寻就消失了；从人的角度，这是诗意的，值得赞叹和铭记，带着禅味。而从一朵蔷薇的角度呢？这家伙那么大的嘴巴，会不会吃了它？这家伙整天吃肉，口气好臭，要熏得它背过气去。我们眼中所见的无比违和又无比和谐的一幕，宇宙间漂亮的一景，如果从蔷薇的眼中看出去，是可怕的灭顶之灾。

还有，你知道一棵树拔出来，再重新栽回土里去，为什么会叶片发蔫，好长时间恢复不了元气?

不是因为损伤了根脉。据说，把树从土里拔出来，露出根，那是和人类的被剥光了衣服裸奔一个等级的行为，把你扒得光溜溜的，让人看个饱，然后再给你解开，穿上衣裳，让你继续生活，不羞死才怪。

当然，当春风拂面，百花挤挤挨挨，香气萦绕，天顶一片湛蓝，太阳发着金光，或是细雨淅沥而下，这些花啊树啊是多么的惬意。好像一切都围着它起舞，一切都为它谋篇布局，阳光是为它照耀，青草是为它生长，蜂蝶是为它萦萦绕绕，流水潺潺，其实是为它奏响的爱的鸣琴……

对一朵花来说，这一切都是围绕着它发生，我们是它生命中的恶棍，它的生命中还有那么多、那么多专为它存在的喜悦。它才是世界的中心。

每朵花都是世界的中心。

每只猫、每只狗、每只蚊、每只蝇。

一块石头也是世界的中心。

谁说石头没有生命的? 你问问量子物理学家，它在和它的周围的环境，置换着怎样的粒子，而它的内里，是又有着多么活跃的粒子的运动。对于它来说，即使是风烛残年的老人，举动也像是在快放电影，就那样滑稽地飞速地前进、倒退、说话，嘴巴动起来快得无与伦比，一切都滑稽得不行。而它们睡一觉醒来，我们早已经成了灰尘。

我们就算站在它的旁边，一动不动几十年、上百年，对于它们来说，也不过就是我们的身边，有一只蚂蚁偶尔停留了片刻。至于片刻之后，蚂蚁是生是死，我们不关心，而我们的生与死，石头也不会关心。

所以，你的眼里看出去的，不是世界的中心，那只不过是你的世界。我们看一个疯子傻呵呵地满街乱跑，可是对于这个快乐的疯子来说，我们才是表情木然、心思呆滞的疯子。

我们不认识这个世界。

我们也不认识自己。

当年八国联军进逼北京，慈禧西逃，随身两个丫头一边吃苦受罪服侍主子，一边说闲话，说到当初看戏看到的陈圆圆的故事，城破被俘，六宫的人被赶着迎接新主子，"九殿咚咚鸣战鼓，万朵花迎一只虎"。

老虎是开心了，那一万朵花开不开心？

当然这话跟老虎说不通，因为老虎不识字，人形的老虎也是莽夫、粗汉。可是我们识字。所以我们不要搞这种让花恶心的事。

当你想要亵玩一朵花的时候，也要先想想它开心不开心。

所以还是不要一厢情愿地去歌咏一头猛虎细嗅蔷薇，因为蔷薇不愿意。

# 你，并不特别

　　毕业典礼是生命中重要的仪式性开端，有其自身的影响力并具有非常恰当的象征意义。

　　此时此刻，我们面临着均等的机会。这一点很重要。

　　你们的毕业礼服肥肥大大，款式统一，只有一个号码。

　　无论是男还是女，是高还是矮，是优等生还是差生，你会注意到，你们每个人都穿得一模一样。

　　还有你们的毕业证书，除了名字之外，也都是完全一样的。

　　这一切本就应该如此，因为你们中没有谁是特别的。

　　你，并不特别。

　　在全国各地，至少有320万名毕业生即将从超过3.7万所中学毕业。就算你是百万里挑一的人才，但地球上有68亿人口，这就意味着有将近7000人与你一样。你们看，如果每个人都是特别的，那么便没有人特别了。

　　美国人近来变得更加热爱赞美，而非真正的成就。

　　这是一种传染病——在其传播过程中，就连我们所珍视的、历史悠久的威尔斯利中学也没能幸免。

　　在全国3.7万所中学里，威尔斯利中学是最好的之一。在这里，"良好"已经不够好了，B档是过去的C档，中水平的课程被称为大学预修课程。我希望你们注意我刚才用了"最好之一"这个说法，我说"最好之一"可以让我们的感觉更加良好，可以让我们沉浸在这种唾手可得的小荣誉所带来的喜悦中，尽管这种荣誉是含糊和无法确证的。

　　然而，这种说法不符合逻辑。根据定义，最好的只能有一个。你是就是，不是就不是。

如果说，你们在本校读书的日子里学到了什么东西的话，我希望你们了解到，接受教育应当是为了获得学习的乐趣而不是物质上的所得。

我希望你们也了解到，智慧是快乐的重要组成部分。

我还希望你们学有所成，从而认识到你们现在知道的是多么少，因为今天只是开始，未来的道路才是关键。

在你们毕业之际，在你们各奔东西之前，我劝你们做任何事都不要附加其他的目的，而仅仅是因为你热爱它，并相信它很重要。

要学会抵制住沾沾自喜的轻松舒适、物质主义的浮华诱惑和自鸣得意的迷幻麻痹。

要多看书，保持阅读的习惯，把阅读当作一个关乎原则的问题、一个关乎自尊的问题，把阅读作为滋养生命的精神食粮。培养和维护一种道德情怀，并且要显示出展现这种情怀的品性。

要有远大的梦想。

要努力工作。

要独立思考。

当你在思考更重要的事情时，生活自然会充实起来。

爬山不是为了插上旗帜，而是为了迎接挑战，享受清新的空气和欣赏风景。爬上去，你们就会看到世界，而不是让世界看到你。

行使自由的意志，发挥创造性的独立思考能力，不是为了它们将给你带来的满足，而是为了他人的福祉。

然后，你们也会发现人类经验中的那个伟大而奇妙的事实：无私是我们能够为自己做得最棒的事。

接着，生命中最美妙的事便会随之而来，前提是你认识到你并不特别。

因为每个人都是特别的。

# 聆　听

关注对方的感受，不仅仅是为了让对方感受到被重视、被尊重，更是为了找到对方真实的需求。

人们表达感受有多种形式：说话、语调、停顿方式、声音大小、身体语言等。这里有通过声音来表达的，但更多的还是通过无声的"声音"来表现。

无声的表现也是一种"声音"。它承载着各种信息，包含很多情绪、感觉、感受等。

关注对方感受，也要主动聆听无声的"声音"。

我们每一次开会的最后都有一个环节，就是对会议效果和主持人的表现打分。有位同事在这两项中得分很高，在分享经验时，他告诉我们：

作为主持人，最主要的任务是保证会议的效果。实现这一点的秘籍是：经常关注每一位参会人员的精神状态。经常看看他们的眼睛，目光是否处于游离和无神的状态？看看他们的坐姿，是否经常变化？是不是要上洗手间，还是有些疲劳？对会议的内容是否感兴趣？会议的内容要不要变化一下？根据这些具体的情形，随时做出调整，不要拘泥于会议议程。

换一句话说，就是要经常主动聆听与会者无声的"声音"。

无声的"声音"，还表现在人们的言语当中。所谓话中有话，人们说话总是带有情绪的。一个人在不同场合，对不同的对象，说不同的事情，都会产生不同的情绪。即使是同样的话语，背后所要表达的意思也是不一样的。听事实更要听情绪，因为情绪也是事实的一部分。

在主动聆听时，还需要注意以下几个方面：

专注地听，排除会让自己分心的干扰。你必须先感受对方传递的信息，然后进行正确的解读，最后做出合适的回答。

让对方说完他想说的话，鼓励对方提供更多的信息和细节。这样可以避免听了一部分，丢了另一部分，避免因为信息的不完整影响我们的正确判断。如果有可能，你要了解对方的背景、经历、知识、对所说事情的态度。这会帮助你更完整地理解对方所说的话究竟是什么意思。

通过"主动聆听"，你可以更好地关注他人的感受，把握他人的需求，给予他人充分的尊重和重视，使他人感受到被认同，这样就能增进相互的了解，并取得他人的理解和信任。在这个过程中，你的价值也更容易得到实现。

在实际生活与工作中，人们的感受有的写在脸上，很容易被看到，但也有很多没有写在脸上，如果不注意你是看不到的。关注他人感受，还需要关注这一部分。看得到的这一部分，我们形象地称为"冰山一角"。

# 平平淡淡才是真

我去福州出差，多年不见的老同学请吃"佛跳墙"，这是一道有几百年历史的名菜，我也是早有耳闻，但一直没有口福。菜上了餐桌，果然是香气扑鼻，令人食欲大增。可吃了几口后，我就觉得"不过如此"，无非是一个香字。为了不拂同学的面子，我还得言不由衷地赞叹：香，实在是香，果然是名不虚传！

友人从美国旅游归来，我问他有何观感，他也用了四个字来回答"不过如此"。城市是水泥森林，和上海、北京差不多；交通常堵得水泄不通，与国内没什么两样；商品比国内贵不少，花样却不见得更多，多数商品还都是中国制造，如果不是满街走的老外，那就跟在中国的大城市差不多。

一女同事终于如愿嫁入豪门，辞去工作，在家当全职太太。一日偶见，我问她少奶奶的生活是不是特幸福？没想到她一脸落寞，颇为不屑地说"不过如此"。原来，她每天的生活就是打打麻将，逛街购物，遛狗逗鸟，上网游戏，实在是枯燥乏味。钱确实是随便花，什么活也不用干，可她却觉得特"没劲"，很怀念过去上班的日子。

人就是这样贱，穷困时格外羡慕过锦衣玉食的日子，忙碌时特别向往游山玩水的潇洒，劳累时竭力追求无忧无虑的闲暇生活，贫贱时极度渴望高官厚禄出人头地，求偶时无比盼望能与心仪的情人结为伴侣，但当这些东西一旦千辛万苦到手，慢慢习以为常，激情不再，就会觉得"不过如此"，无聊乏味，甚至还会产生逆反心理。因而，千娇百宠、过惯鲜花簇拥生活的贾宝玉，竟遁入空门；前呼后拥、威风凛凛的陶县令，偏要回家种地；幸福安逸的少妇娜拉，却要离家出走；还有些原本恩爱无比的夫

· 145 ·

妻，难逃"七年之痒"，毅然走出"围城"。

这种"不过如此"现象，其实哲学家叔本华早就研究过，并因此提出了著名的"钟摆理论"。他断言："人在各种欲望（生存、名利）不得满足时处于痛苦的一端，得到满足时便处于无聊的一端。人的一生就像钟摆一样在这两端之间摆动。"确实，大千世界，许多人总是在忙忙碌碌地追名逐利，不遗余力地追求享受，千方百计地谋取各种好处，如果达不到目标，欲望没有满足，在竞争中落败，就会极度失望，痛苦无比，甚至连去死的心都有；可如果美梦成真，遂心如意，想得到的都得到了，新鲜不了几天，就会感到无聊，产生满足感"边际效应"——不过如此，就那么回事，没啥意思。

这种相当普遍的"钟摆现象"是有些可悲，究其原因，主要有两点：一是人们往往对那些身外之物期望值太高，看得太重，想得太完美，结果得到后才发现不是那么回事，与想象有一定差距，也"不过如此"；二是再美好的东西，再令人向往的事情，再喜悦的心情，再丰硕的收获，都不可避免会有感觉逐渐消退淡化的趋势，就像一个饿汉吃饼的满足与快感会随着第一张到第二张第三张不断递减一样。

怎样超越叔本华钟摆宿命论呢？最好的办法，就是看轻世俗的身外之物，生活力求简单，控制过于旺盛的各种欲望，对世人都在拼命追逐的名利物欲，得之淡然，失之泰然。大哲学家苏格拉底曾被学生强拉着逛罗马的闹市，得出的结论居然是："啊，真没想到世界上还有那么多我根本不需要的东西！"诚如斯，一个人既然对名利物欲没有强烈的欲望，自然也就不会有得不到时的极端痛苦和失落；既然对世俗生活中的那些得意之事本就看得不重，自然也不会产生得到后的无聊和乏味，"本来无一物，何处惹尘埃"？还是那首歌唱得好啊：平平淡淡才是真。

# 用用淡定这味药

我曾亲眼见过这样的场景，一群蚂蚁在大雨即将来临的时候，敏感地嗅到了危险，它们成群结队，开始了有条不紊的搬家行动，没有忙乱，没有不安，没有躁动，只有紧张而忙碌的工作，把家搬到另外一个安全的地方。

我也曾亲眼见过这样的场景，一场大风把屋前树上的鹊巢吹落到地上，那些用嘴一棵棵衔来的草棍，瞬间四散落地。我以为，这些鹊会迁徙、会搬家，或者心生火焰，自暴自弃。谁知没几天，屋前的树上又挂起了一个新的鸟巢。

我也曾亲眼见过这样的场景，母亲在院子里种了几棵桃树，当桃花谢了，青桃像指甲般大小的时候，几个调皮的孩子趁母亲忙碌的空当，把青桃揪落一地，连叶子也没有放过。我以为母亲会发火，去找家长，那些青桃毕竟倾注过她的心血，施肥，喷药。谁知母亲淡淡地笑了，只说了句，这些顽皮的孩子。

这样的场景，人生之中，会遇到很多，温暖，感动。那些淡定的处世方式，充满了人生的智慧。

当然，我们每个人也会遇到另外一些不同的际遇。

比如辛辛苦苦，努力工作，费了很大的劲才搞定的一个客户，不承想，半道上被另外一个同事"劫"去了，而上司却指责你，批评你。

比如多年的朋友，却因为一件小事产生了误会，朋友痛心疾首，讽刺你，挖苦你，甚至不理睬你。

比如你凭良心而为，做了一件好事，却被人误以为你沽名钓誉，另有企图。

比如同学聚会，当年不如你的同学当了"大官"，当年不如你的同学当了教授，当年不如你的同学发了大财，当年不如你的同学都比你有出息。

比如早晨开车出门，心情很好，却被另外一辆逆行的车亲密接触了……

这种时候，你会淡然处置，一笑了之，还是怒发冲冠？心中燃起小火苗？

其实怒发冲冠，只能使小事变大，大事变得心中装不下，非但于事无补，还会把事情推向另一个极端，于人于己无半点益处。

这种时候，淡定是一味良药，因为淡定能够熄灭内心熊熊燃烧的火焰。君不见淡定的"淡"字，左边是水，右边是火，水浇在火上，水至火灭。遇到天大的事，只要心里揣着淡定这味药，就不会捅出娄子。

杜甫有诗：水流心不静，云在意俱迟。滚滚红尘之中，人不能把欲望、追逐放在第一位，给心灵留一方空间。

菊花是淡定的，经霜而不气馁，傲然枝头；兰花是淡定的，深山幽谷，静吐暗香；荷花是淡定的，淤泥之中，亭亭玉立；梅花是淡定的，冰雪之中，芬芳吐蕊。淡定是一种品格，淡定是一种境界，淡定是一种优雅，淡定是一种智慧。

淡定这个词，是最近这两年使用频率很高的一个词，成了大度，不计较的代名词。淡定这个词，看似消极，退让，实则是给生命一些空间。人生就是一次长跑，输赢得失都是暂时的，从容淡定，张弛有度，才是人生的大智慧。

淡定是一味药，失去从容，方寸大乱时，不妨用用淡定这味药。

# 美与丑

　　18岁那年的一天，威廉·马斯维努准备跳进卡里巴湖，了结自己年轻的生命。

　　1975年，马斯维努出生在津巴布韦首都哈拉雷西郊小镇穆贝尔，他的出生并未给家人带来欢乐。他长得实在太丑，五官不成比例，每个看到他的亲友都被吓得后退。父亲愁眉苦脸，母亲唉声叹气，都对他的未来充满担忧。

　　马斯维努3岁时，家中唯一疼爱他的母亲不幸去世，因为丑，没人愿意照顾他，更没人愿意送他上学，他常常外出流浪，捡拾垃圾度日。好不容易挨到18岁，马斯维努想找份工作，但是，没有人愿意雇佣他，更为甚者，很多人还当着他的面，"哐啷"一声把门关上。

　　完全丧失信心的马斯维努站在卡里巴湖边，内心如同冰冻。如果不是23岁女孩爱丽丝·查帮嘉的出现，他很可能真的会成为湖中虎鱼的美餐。爱丽丝是卡里巴湖渔夫的女儿，也是个苦命孩子，她父亲去世两年，只剩下她一人以捕捞为生。当看见一个相貌奇特的小伙子在湖边徘徊的时候，爱丽丝主动上前搭讪，问道："你知道这湖里有凶猛的狗脂鲤吗？"

　　说实话，马斯维努长到这么大，不曾有人主动跟他搭话，何况还是个女孩，马斯维努感到有股暖流传遍全身，他嗫嚅道："我、我、我没有吓到你吗？"爱丽丝摇了摇头，笑着反问："你会比狗脂鲤更可怕吗？"爱丽丝所说的狗脂鲤，是生活在卡里巴湖中的虎鱼，长相丑陋，凶猛异常，长着32颗尖牙，以其他鱼类为食，是卡里巴湖的"霸王鱼"。

　　马斯维努沮丧地说："其实，在很多人眼里，我比狗脂鲤更可怕。"接着，他倾诉了自己的辛酸。爱丽丝安慰道："除了狗脂鲤，我没有见过更丑的面孔，你的相貌其实并没有那么可怕，只是有点奇特罢了。可是，这又有什么关系？你知道丑陋的狗脂鲤为什么过得生机勃勃吗？因为它们有尖利的牙齿，有大块头，有力量，更重要的是，有一种勇猛向前的凶狠性格，而这是湖中其他鱼类所欠缺的，所以它成为卡里巴湖的霸王鱼。"

马斯维努似有所悟，平生第一次露出了笑容。从此，他每天都到湖边看爱丽丝捕捞，与她聊天，一同分享生活的心得，逐渐变得阳光起来。后来，经过多次求职，他终于在哈拉雷的一家菜市场里当上搬运工，凭力气挣到了第一份薪水。

一年后，马斯维努和爱丽丝结为夫妻，接着他们的孩子相继出生。尽管生活负担更加沉重，但是，马斯维努没有抱怨，因为有了爱，他内心非常充实。工作之余，他想唱就唱，想跳就跳，毫不在意别人对他长相的嘲弄，他常对爱丽丝说："亲爱的，或许我天生就该做一条难看的狗脂鲤。"

上帝也许更愿意眷顾那些积极向上的人。37岁时，马斯维努的命运发生了改变。2012年，在爱丽丝支持下，他勇敢地参加了津巴布韦大型"选丑比赛"。在舞台上，他身着滑稽服装，跳着搞笑的舞蹈，大方展示自己的"奇丑相貌"，最终击败对手夺得桂冠，并于2013年10月再度蝉联冠军，被称为"最丑先生"。两次夺冠共获奖金2400南非兰特（约合2240元人民币），这笔钱足以给妻子爱丽丝买很多漂亮的衣服，给儿子交付全年的学费。

在接受媒体采访时，马斯维努搂着妻子的肩膀，无比自豪地说："能蝉联冠军，我很开心。我的貌丑与生俱来，但是这没关系，爱丽丝是唯一愿意接受我的人，她教会我去做一条狗脂鲤，你们知道，那是丑陋的凶猛大鱼。没错，我就是它！感谢爱丽丝！"

我们所说的"丑陋"一词其实包含两层意思，一层是指外貌的不美，是为"丑"；另一层是指内在的粗劣和缺失，是为"陋"。外貌丑，并不可怕，只要内心充实，积极向上，仍然是好样的，比如这个最丑先生马斯维努。

# 你是甲虫还是青虫

南美洲丛林中，生活着一种体长10多厘米的甲虫，它们通身被坚硬的铠甲包裹，头上生有两只硕大的夹钳，当地人称之为"老虎钳"。

"老虎钳"威猛善战，能捕食较小的蜥蜴、幼蛇和鸟类。它们生殖能力极强，一只雌性"老虎钳"一年可产2万多粒卵。有人计算，如果按它们的繁育速度，不出10年，南美大陆将排满"老虎钳"。

这样满身优势的甲虫，种群却一直没有壮大。昆虫学家为弄清原委展开了调查。结果发现，喜欢独居的"老虎钳"生性暴躁、耐力极差，若两只同性碰面，非拼个你死我活方休。捕食时，5分钟内不能制服猎物，它们会丧失信心而放弃。刚刚钻出卵壳的小"老虎钳"便互相残杀为食，只有几只最强壮的能活到最后。

昆虫学家捉来一只"老虎钳"，和几条它爱吃的青虫同时放进拼接成十几米长的玻璃管中，将一头用木塞堵起来，被困的"老虎钳"顾不上美餐，只是对着木塞连咬带撞，感到逃脱无望，它掉头向管子的另一头爬去，但爬了不到1米，又开始撞咬管壁……就这样反复折腾了十几次，在距出口1米左右的地方，连累带气的"老虎钳"竟仰面朝天、钳腿乱蹬、口吐白沫，不一会儿便一命呜呼了。

再看青虫，它们也先在木塞处爬上爬下，确认无隙可钻便掉头爬向管子的另一端，虽然人们不时在管子里设置障碍，但青虫总是矢志不渝地向既定方向爬，不到1个小时奇迹出现了：所有的青虫都从管子里爬了出来。

人生亦如此，不论包裹多厚的权势、财富"铠甲"，还是自叹渺小、贫困无助，但信念和毅力都公平地潜藏在每个人的意识中，有人生命之旅风风光光，到头来却因信念和信仰丧失，犹如"老虎钳"自毁终生。也有人叹息自身条件太差，看别人一片光明，自己却缺乏毅力撞不出命运的"管壁"。而柔弱的青虫却靠坚定的信念找准一个方向，遇到坎坷、障碍也毅力不减地一步步向前，最终取得了成功。

# 盘点幸福

　　小时候，晚上家里点一盏油灯。安静的夜里，母亲在灯下做针线活儿，父亲的面前摆着一簸箕玉米棒子，他剥玉米粒，我们姐妹在饭桌上低着头写作业。

　　窗外夜色清凉，屋内温馨弥漫。母亲经常会突然停下来说："都歇会儿吧！"大家立即放下手中的活儿，开始了一场热闹而温情的聊天。

　　母亲对我们说："今年咱家的草莓长得真好，我每次去卖，很快就被抢光了，人家都说咱的草莓甜。还是听你爸的对了，他选的草莓品种好。等过一阵，用卖草莓的钱可以买辆新自行车。"母亲说这话时，我的眼前突然光明起来，仿佛自己骑上了新自行车飞奔在温和的风里。

　　父亲接着母亲的话茬说："这阵咱家光喜事！她五叔两口子去城里开小卖部了，把他们的地都给咱种了，累是累点，但那地都是好地，肥得流油呢！今年咱好好干上一年，一准儿丰收。还有呢，我去年卖槐树苗的钱人家也给了。"

　　这时候，聊天的气氛已经有点小小的高潮了。我喊着："爸，妈，给我买个新铅笔盒吧。"妹妹站起来跳着脚说："我也要，我也要，姐要啥我也要啥！"

　　每当这样的时候，母亲脸上都会显出喜悦的红晕，她乐呵呵地说："好，都买！老二，你被老师选上参加校舞蹈队，不是说要去县里表演节目吗？"

　　妹妹说："是呢！老师说选上的人都是跳得好，长得也好看的。妈，老师可喜欢我了，还送了一个本子给我呢！"说着，妹妹美滋滋地拿出了老师送她的本子。

我也不甘示弱："爸，妈，过几天抽测考试，老师说我肯定能考第一名，还让我当小组长，帮别的同学辅导。老师还说，我是同学们学习的榜样呢……"话说到这里，我自己先咯咯地笑起来，无比得意，心中的自信也噌地长了一大截。

　　父亲和母亲听了我们的话，很骄傲。聊天气氛更热烈了，主题是"盘点幸福"，主旋律是欢乐喜庆，这是一开始母亲和父亲定下的基调。就这样，我们在幸福盘点中又温习了一遍那些过去了的幸福瞬间，重新品味了一番刚刚淡去的快乐味道。幸福就像被珍藏的糖果，时不时拿出来品品甜味儿，为生活增添乐趣。

　　多年过去了，我也学会了父母对待生活的方式——经常盘点幸福。我会经常和老公孩子一起回忆幸福的往事，没想到，女儿也像我一样，能够把幸福牢牢记在心上。原来，幸福也是可以代代"遗传"的。

　　盘点幸福，不一定是在年终岁尾，随时都可以回顾一下美好的往事。只有这样，人才不会患得患失，不想自己没有什么，多想自己拥有什么，幸福就会与你紧紧相拥。一颗乐观知足的心，就会感到日子充满了光明。

# 那些爱，那么恨

又响起了吵闹声，这熟悉的声音，隔几天，就会听到一次。两个女人的声音，像爆竹一样，又响又尖，此起彼伏。

那是一对母女。母亲六十出头，女儿三十来岁。据说是老太太早年离异，一直独自带着这个独生女儿，女儿则一直没有嫁人，心情不愉快，工作也辞了。

按理说两人相依为命，母女情深，也能享受到一番天伦之乐。偏偏这对母女，像冤家一样，隔三岔五地，就会大闹一场。

开始只在家里吵，后来索性不再避嫌，不管认识，还是不认识，只要见到人就大声控诉。老太太说女儿没有良心，这么辛苦拉扯大她，却对她百般挑剔，脾气坏到如此，活该嫁不出去。

话音未落，女儿立刻大声质问："到底是谁让我嫁不出去的？一出去约会，就要限定时间，还把人家叫来家里，又是警告又是辱骂。现在好了，又说我脾气差，那谁又能容忍你的脾气？"

母亲唠叨女儿不听她的话，如果当初她念书肯用功，考取一个好学校，毕业后能找份好工作，就有条件再找个好男人嫁掉，她也就不必再为女儿操碎心，存老本，自己也可以像其他老人一样，四处旅游，尽享清福。

女儿则撇嘴冷笑，说自己单亲家庭里长大，父母没有给她应得的爱，能走到今天，已是阿弥陀佛。她不嫁，只是因为父母的婚姻，没有给她做出任何榜样。"嫁了又能怎样，还不是一样要离？"

母女积怨已深，难怪一点点小事，也会变成爆炸的导火索。买菜，喝茶，擦地，看电视，都会引发"战争"，一旦开始，就会扯到多少年前的旧事去。

更不堪的故事，还有。

某友的外婆，八十多岁了，百病缠身，孤独地住在乡下。他付钱，找亲戚照看。他和妹妹，却好多年都不肯回去一次。乡下的亲戚说，自己也有老人要照顾，累了倦了，无论给多少钱，都不想再替他们兄妹尽孝了。

我问他，为什么不接到自己身边，或找个疗养院，周末也可以去看看她。他摇头，说正是因为不想见到外婆，才特意送到远远的乡下去。他付钱找人看她，已是良心之举。想要再多，门都没有。

为什么会这样？

原来，某友的母亲，在他十一岁的那个夏天，自杀了。自杀时，重病在身，情绪消沉。他的父亲开长途货车，走之前交代与他们同住的外婆好好看护。但那晚，外婆却打麻将去了。趁身边无人，母亲撕开被单，上吊自尽。

某友和妹妹，从此再也不能原谅外婆。而且一直认为，是外婆害他们小小年纪就失去了母亲。

"可是你的母亲，也是她的女儿啊。失去女儿，她难道不是一样痛苦？"

"痛苦还去打麻将？"

某友一说起这个，就气得脸色铁青，五官都变了形状。三十年过去，他还沉浸在受伤的痛楚中，无法做到设身处地，宽容大度。

电影《唐山大地震》，讲述的也是一个亲情之痛的故事。

母亲面对灾难，先救出了弟弟，受地震和亲情双重伤害的女孩，从此心生怨恨，怎么也想不明白，母亲为什么当初会做出放弃她的决定。成年以后，她和母亲的关系一直不好，用叛逆、反抗、自伤甚至仇恨，演绎着母女之情。

亲情之伤，常常比其他任何的情感，都来得猛烈、纠缠、如火如荼，不是一句两句劝解，就能化解开的，非得要双方拿出极大的诚意和耐心，而且，还要有时间参与教化，才能让心田渐渐安适。可是却很少有人，能做到这些。

往往同住屋檐下，或恶语相向，或冷若冰霜。因为哀伤，因为怨恨，因为后悔，因为没有勇气去面对，便沉浸在伤心往事，只给亲人交付一副硬邦邦的心肠。

这，多么愚蠢。

天赐之爱，常常也会在不知善用的情况下，不断粉碎，衍生出烦恼和痛苦。它像一根粗大的绳子，死结一旦出现，不是毁了别人，就要勒死自己。侥幸存活的，转而却开始恨这人世，为什么偏偏他这么倒霉，遇见如此的父母、兄弟姐妹，吃不尽的苦头，过不完的烦心日子？于是，一次次将土层扒开，朝岁月深挖，掘出的全是久不愈合、业已溃烂的伤口，流着脓，发出腐烂的味道。

旧情总要植入现实的泥土，才能够萌发、开花、结果。感情是需要共鸣，呼应，才能深入彼此。

与其苦苦深挖，摊一地的烂泥，不如将曾经的一切，倒入枯井，填埋新的土层之后，再一起播撒亲情之种。待到秋后，一家人聚在一起，品尝丰满多汁的果实，那份甜美，该能多么抚慰曾被过度折腾的灵魂呢。

# 风景就在那儿

**6**

风景就在那儿，
看不看随你；
美丽的景致就摆在那里，
你来与不来，
它都在那里。

# 回家的路

　　生活在今日的世界上，心灵的宁静不易得。这个世界既充满着机会，也充满着压力。机会诱惑人去尝试，压力强迫人去奋斗，都使人静不下来，我不主张年轻人拒绝任何机会，逃避一切压力，以闭关自守的姿态面对世界。趁着年轻到广阔的世界上去闯荡一番，原是人生必要的经历，所要防止的只是，把自己完全交给了机会和压力去支配，在世界上风风火火或浑浑噩噩，迷失了回家的路途。

　　每到一个陌生的城市，我的习惯是随便走走，好奇心驱使我去探寻这里热闹的街巷和冷僻的角落。在这途中，难免暂时迷路，但心中一定要有把握，自信能记起回住处的路线，否则便会感觉不踏实。我想，人生也是如此。你不妨在世界上闯荡，去建功立业，去探险猎奇，去觅情求爱，可是，你一定不要忘记了回家的路。

　　这个家，就是你的自我，你自己的心灵世界。

　　寻求心灵的宁静，前提是首先要有一个心灵。在理论上，人人都有一个心灵，但事实上却不尽然。有一些人，他们永远被外界的力量左右着，永远生活在喧闹的外部世界里，未尝有真正的内心生活。对于这样的人，心灵的宁静就无从谈起。

　　一个人只有关注心灵，才会因为心灵被扰乱而不安，才会有寻求心灵的宁静之需要。所以，具有过内心生活的禀赋，或者养成这样的习惯，这是最重要的。有此禀赋或习惯的人都知道，其实内心生活与外部生活并非互相排斥，同一个人完全可能在两方面都十分丰富。区别在于，注重内心生活的人善于把外部生活的收获变成心灵的财富，缺乏此种禀赋或习惯的人则往往会迷失在外部生活中，人整个儿是散的。自我是一个中心点，一个人有了坚实的自我，他在这个世界上便有了精神的坐标，无论走多远都能够找到回家的路。换一个比方，我们不妨说，一个有着坚实的自我的人，便仿佛有了一个精神的密友，他无论走到哪里都带着这个密友，这个密友将忠实地分享他的一切遭遇，倾听他的一切心语。

世界无限广阔，诱惑永无止境。然而，属于每一个人的现实可能性终究是有限的。你不妨对一切可能性保持着开放的心态，因为那是人生魅力的源泉。但同时你也要早一些在世界之海上抛下自己的锚，找到最适合自己的领域。一个人不论伟大还是平凡，只要他顺应自己的天性，找到了自己真正喜欢做的事，并且一心把自己喜欢做的事做得尽善尽美，他在这世界上就有了牢不可破的家园。于是，他不但会有足够的勇气去承受外界的压力，而且会有足够的清醒来面对形形色色的机会的诱惑。我们当然没有理由怀疑，这样的一个人必能获得生活的充实和心灵的宁静。

# 风景就在那儿

假日里，我喜欢骑着摩托车去远郊的一条小河边钓鱼。多少年坚持下来的习惯，早已习以为常。如果有事耽搁不能去，心里倒像丢了魂似的不舒服。

河流宽不过10米，却极长，一头潺潺而南，一头蜿蜒向西，曲里拐弯，流向远处。河的两岸是大片农田，春天来临时，近岸百草丰茂，杨柳婆娑，不远处庄稼葱茏碧绿，视野开阔；冬季来临时，虽然百草衰败，树叶凋零，水却一如既往的清澈、温暖。是个极好的所在。

夏日更不用说，河水流淌不息，各色水草，或成团成簇地纠缠，或成片成片地漂移，是鱼儿藏身的最佳场所。总在这些水草的旁侧洒下诱饵，抽上一支烟，悠然等待那些水里面的小精灵欣然咬钩。有沉在水底的鲫鱼，肥硕、活跃，被拉上河岸还一个劲地蹦跳，不服输似的；有精明狡猾的鲤鱼，试探再试探也不肯吃食，这时，人跟鱼就有一种沉默中长久的较量，大家比拼着耐心和毅力。

一边欣赏田野的美丽景致，一边跟鱼虾颇富心计地斗勇斗智，既放松了疲惫的心境，不经意间，又有不可小视的斩获，在河岸垂钓真是件让人舒服的差事。

常常在垂钓时陷入沉思：我在此处欣赏风景，那些看风景的人是不是把我也当成了风景的一部分？这小河，这河里的鱼虾是不是也熟悉我，留恋我呢？这样的想法可笑而又让人迷离，想着想着，不禁自己笑了。

前段时间，因为身体微恙，到单位告假，在家中休息了月余。正常的工作都停下来，河边自然没办法再去。等身体恢复健康，想起那条河，想起那河里活泼的鱼虾，冬天也就来了。

是个阳光明媚的午后，收拾钓具，我再次出现在河边。尽管是冬季难得的好天气，可风中有明显的寒凉，站到河边，身体不由自主地打了个寒噤。

咦！很久不来，河边多了一个我不熟识的青年。他也提竿在手，看姿态和身形，像个老把式，便搭讪起来。原来，他从外地打工回来，一年的工钱已经挣足，而且冬天有大把的闲暇时光，便跟我一样看中了这里。

"你在这垂钓多久了？"我问。"没几周时间吧。这儿挺好的！"他答。

"呵呵，是。"原来，人跟人是一样的。对于美和闲适，都有心照不宣的感悟。

"鱼汛咋样？"我又问。"每天差不多吧。关键是玩呢！"瞧瞧，尽管来这不久，他也养成了跟我一样"钓翁之意不在鱼"的散淡和随意。

是啊！风景就在那儿，看不看随你；美丽的景致就摆在那里，你来与不来，它都在那里。

# 旅途中的树

　　我路过很多个城市，站台，村庄，小镇，我常常很快就忘记了它们的容颜，还有那些模糊不清的路人的面孔，但那些一闪而过的树木，却如一枚印章，印在我记忆的扉页，再也祛除不掉。

　　我记得一次坐大巴，从家乡的小镇去北京，有8个小时的行程。是让人觉得厌倦的旅程，车上不断放着画面劣质的碟片，窗外是大片的田地，在晚春里，千篇一律地绿着。车上的人皆在枪战片的喊叫声里昏昏欲睡，我则看书，偶尔累了，才看一眼路边那些还荒芜着的山坡，或者赶羊吃草的农人。

　　而那片花树，就是这样映入我疲惫视野的。它们安静地站在路旁，接受着风雨，也迎接着沙尘。它们的周围，是堆积的石块、砖瓦，还有日积月累吹过来的沙子、柴草。这是一片荒废的土地，生命的脉象气息微弱。而那几株花树，却如此生机地点缀着这片荒野。它们长在蓝天之下，并没有因为出身卑微，就辜负了这一程春光，反而愈发旺盛地绽放着。

　　它们的花，有绢纸一样的质地，微微地皱着，可以触摸到内里的经络。这一树花，竟有白色、粉色与紫红三种颜色。在阳光下，它们争先恐后地繁盛着，吸引着远道而来的蜜蜂、蝴蝶，还有我们这一车路人的视线。

　　我很快地拿出了相机，啪啪啪地拍了很多张照片。旁边便有人说，今日这些花朵，明日就全谢了，也只有在你相机里才能长久。我不解，他细细讲述，这才知道，这种绚烂的花树，名叫木槿，也称扶桑，此花朝荣夕衰，但旧的凋零，即刻有新的补上枝头，所以在整个春夏之日，路过此地的车辆，总不会错过它们这一场美丽的花期。

我一直觉得，它们是为每一个路过的旅客而生的。它们站在天地之间，用最盛烈又最朴质的姿势，给每一次注视，一次温暖的慰藉。这样的慰藉，是双向的。我相信我那一眼的惊异，也曾为这几株孤单的木槿，以及那些只有一次生命的花朵，注入过点滴的勇气与信念。尽管，木槿本身，所代表的就是坚韧永恒的美。

我也记得在一些火车只停留一分钟的小站上，会见到一株株向上寂寞伸展的法桐。它们灰褐色的枝干，沉默着冲向那暗灰的天空，犹如一个寡言的男人，背负着俗世中的责任，一言不发地前行。

如果是夏日，它们密实地枝叶会给那些生活枯燥单调的小站服务者以最切实的荫凉与安慰。它们阔大的叶子，承载着这个站台火车穿梭般过往时留下的尘灰，还有那巨大无边的哐当哐当声。这是一种胸怀极为宽广的树木，它们不仅生长在旷野，更葱郁着城市。它们吸附着人类排解的垃圾，却吐露着洁净的绿色的空气。而且，一旦在城市扎根，它们便努力地向上向下伸展，试图将那野性的生命，注入嘈杂喧嚣的人群。

而在冬日的旅行中，它们那裸露的遒劲的枝干，则同样温暖着旅人无处可以安放的视线。它们的科属，是悬铃木，很美的名字。你们可以想象，在冷寂的冬日里，它们挺拔地站在薄凉的阳光下，每一个枝干上，都悬挂着乖巧的"铃铛"，犹如圣诞树上挂着的糖果。风吹过时，它们在风里发出细微的响声，只有细听，你才能分辨得出，哪儿一种声音，才是那些可爱的小球发出的絮语。

城市的四季，就这样从它们手掌一样向上托起的枝干上滑过，犹如一叶轻舟，滑过江心的微波。

而人的生命，也在与这些绽放或者不绽放的树木的注视中，穿过一重一重波澜起伏的春秋。

# 老磨坊

　　冬日的黄昏，回到老家，路过久违的老磨坊，停下，屏息静听，隐隐约约有低沉的隆隆之声，像隐忍欲发的雷鸣，像老人深沉的叹息。循声走近，透过破旧的石屋上一孔角形小窗，见昏黄的油灯下，一头小毛驴在一步一点头地拉磨。磨盘沉沉地转，盘上堆放的玉米粒颗颗似金，簌簌陷入磨中，又变成灿灿细粉随转动的磨盘流瀑一般落下……

　　鲁南乡下的村头大都盖有磨坊。磨坊通常是干打垒的石屋，壁上挖几个角形小孔为窗。房前几株大树遮天蔽日独成一景。简陋的房子里一般设有石磨或石碾，是村中的公产。一村百十户人家的米面皆在此加工，在我老家的村口就设有这样一个老磨坊。厚重的石磨由粗粝的红砂石錾刻而成，转起来隆隆作响，似天与地的磨合，其声沉闷如雷，夜深人静之时，一里之外都能听到。童年的时候，每每听见磨响，即面露欣慰之色。磨响着，就说明乡亲们碗里有粮。磨不闲，肚不空，庄稼人还盼什么？

　　小时候，就爱蹲在磨坊门口看小驴拉磨。一块黑布蒙住小毛驴那对天真明亮的大眼睛，像被土匪绑了票的孩子，在笤帚疙瘩的催促下老老实实一圈一圈走着那永远走不完的圆。小毛驴是否一直误以为自己是在长途跋涉？呆呆看上许久，总觉得很好玩，小毛驴总以为已经走了好远好远，蓦然回首才发现自己不过是在原地团团打转，依然是脚踏黄土，并不曾飞腾云端。小毛驴拉磨辛苦不说，还须抵抗那浓浓粮香的诱惑，再饿再馋也得不上一口。苦苦干上半天，才被人牵扯到门外吃上点干草，喝上桶凉水，就地打上几个滚儿，抖抖一身尘土与疲倦，便又被蒙上眼睛套在磨上，走那个无尽无休的圆。

　　听老人讲，并非所有的毛驴都能拉磨，它们是上天的精灵，各有脾性，愿干的活也各不相同。有的毛驴打死不拉磨，你硬将其套上，任你推拉打拽，它四蹄生了根似的动也不动，气得你没点脾气；也有狡猾的，吆喝紧，它就紧走几圈，吆喝慢，它也渐走渐慢，最终停下歇工；有的看上去拉得挺卖力，伺你麻痹，伺机伸嘴从磨上偷几口粮吃；也有的一上了套拉不几圈就又撒尿又拉粪，稀里哗啦直往磨上喷，没人敢用；有的是任家庭妇女怎么吆喝怎么打，死死站着不动，可一听霸气的爷们儿声音，就跑得火急火忙，吁都吁不住，叫你哭笑不得。

童年的记忆中，春节之前是老磨坊最忙碌的时候，家家户户都要磨上点麦子包饺子蒸馍。那时候，农村的经济还很落后，家家的粮食有限，一家的麦子太少盖不住磨底，就几家合着磨好后再分。孩子们这时都喜欢围着磨坊玩耍，闻着老磨坊里飘出的幽幽麦香，听着大人们的欢声笑语，哪个孩子不乐得心里开花。盼着新年早到，好吃顿又大又白的馍和一年仅得一次的香喷喷的饺子。那时老石磨呜隆呜隆的吟唱彻夜不停，夜静更深，那歌声就回响在庄稼人的梦里，给每个人心头都抹了层蜜。特别是冬日的雪后，老磨坊同样也成了小麻雀的食堂，都叽叽喳喳停在树上房上，蓬松起羽毛抵御寒冷，趁人不备就云似的落下一片，争吃那些地方的残粮碎屑。一有动静又云似的腾起，重新在树上房上叽叽喳喳，给大雪覆盖的村庄和田野平添了不少生气。

过春节时，常和一帮小伙伴到磨坊游戏，我爬上磨盘要大家推着转，可没人理睬，反躲得远远的。香草说："坐磨上，烂裤裆，人人骂，要遭殃！"我赶紧下来。我不懂得，石磨之于庄稼人近乎圣物，容不得亵渎。过年他们要给磨贴上福字，在磨眼里燃上炷香，感谢它一年里所给予的帮助并祈求来年风调雨顺五谷丰登。没有石磨，庄稼人无法生活。质朴的庄稼人知恩必报，永远怀着一颗感恩之心生活，认为万物皆有灵性，一切均为上天赐予，每人一生得多得少都命中注定，所以心态就特平和。没有奢望，也就没有烦恼，就总能生活于安宁幸福之中。

# 名字的意义

名字，是父母惠赐的第二重生命。都说身体发肤，源自父母，不可轻贱，更不可随意毁弃。除此之外，我要郑重地再加上一条，名字也乃父母所予，当珍当惜，伴随终老。

我没有小名，没有顶替过别人的名，及至正式写作，也一直抵制给自己安一个笔名。一个名字一生情，一个符号一辈子。在名字上，喜欢从一而终。

不同场合不同的人，会用不同的方式称呼你，却不一定会打心里喊一声你的名字。职业称谓最常见。我被人叫的最多的是"陈老师"，也有人抬爱喊声"陈教授"。受社会影响，有熟人会开玩笑称"禽兽"，或者陈兽，一笑了之。曾在某机关借调工作一年，下面市县来的不管局长县长，还是普通办事员，见了就喊："陈科长。"也有叫陈科的。把长去掉，直接称赵局钱处孙科什么的，现在已成一种流行。发表了几篇文章后，被"作家"前"作家"后地乱称呼了。老婆有时叫"唉"，有时，跟别人一样喊"作家"。

不管被人叫成这个，喊作那个，最终还是喜欢别人叫我姓名，平生最爱老家亲友不带姓很顺溜地喊一声名字，爽口细脆，真的有味。

有位朋友，初交往时他喊我陈教授，我喊他徐主任，两颗心隔山隔水天涯远。一次，与他同回他的老家，喝杨梅泡的土酒，及至两人都醉醺醺，才双双喊对方的名字。那一刻，心之篱去除，坦诚相待，友情方如浓酒般醇厚。

看电影《英雄》的时候，无意中看到片尾字幕里打出了"会计"的姓名。许是我学会计出身之故吧，对此一直非常感动，会计的名字都签在账本里，封存于档案柜里。未曾想，大导演张艺谋会将会计的名字打进字幕。这是何等的尊重小职员呀。看《山楂树之恋》，特别留心片尾，那名单真长，连司机、发电员之类的幕后小人物的姓名都赫然其中。这不是一晃而过的姓名展示，是大导演在无声地喊出每一个为影片付出劳动的人的名字，以示敬重。

念名字，美国总统做得很到位。每次"9·11"事件纪念大会上，总统先生不发什么长篇大论，而是千篇一律地高声地念出来每一个遇难者的名字。每一声呼喊里，都是对逝去的生命表达的珍重，向逝者家属道一声珍重，为生命祈福。

还记得闻一多先生在《七子之歌》里，那发自内心的呼唤吗？——"请叫儿的乳名，叫我一声澳门！"声声泣，断人肠。澳门，澳门，我的生命之名。

每一个生命，都有自己的名字。同样，每一个名字都是一重鲜活的生命。名字里，有隐形的生命，深藏着爱的密码。

所以，亲爱的，当你爱他，喜爱他，不需要你三请四送，也不要虚于礼节，只要你郑重地大声地，并且习惯性地喊他的名字！喊一个人的名字，就是把尊重放在嘴边和心里；喊一个人的名字，就是把他放在心里；喊一个人的名字，就是对他最好的惦念，最深的爱。

如果你爱我，请喊我的名字！

# 善 良

城南澡堂的搓澡工是个年近四十的精瘦男人。细眉小眼，有点龅牙。常年穿一双黑色的高筒水鞋，蓝白格子的棉布衬衫。

起初男人很少说话，后来去的多了，熟络了，才健谈起来。

男人操一口地道的四川腔，十六岁进入这个行业，至今已有二十余载。

男人颇有蜀北汉子的幽默与干劲，做事雷厉风行，从不马虎。

过了大半年才知道，门口收银台的臃肿女人是他老婆。他不但是男澡堂里的搓澡工、修脚工、按摩师，也是整个澡堂的幕后老板。

澡堂生意不错，临近学校，周末时候特别忙碌。

周末的时候去过几次，都是些稚嫩的少年面容。他有时会婉拒我提出的要求，的确，无暇兼顾。

后来，我挑学生上课的时间去。客少，人闲，话也就格外多了起来。

我建议他找两个小工，这样，能接待的主顾也就多些。澡堂嘛，真正能赚钱的，还不就是修脚按摩这类的技术活。

他笑了，瘦骨嶙峋的脸隆起两座蜿蜒的小山。小工找过，还带过不少徒弟，只是都干不长久。

澡堂小，待遇也不算好，没哪个小工愿意长待。徒弟更别说，都是些血气方刚的年轻人，技艺学成，谁不往富丽堂皇的大酒店跑？

替他有些不值。我说，签个合同吧，免得这些人老喜欢跑。

他仍然是笑。没必要嘛，人各有志，谁不想往高处走？再说了，肯来这里学搓澡的年轻人，家境肯定都不好，既然他们想脚踏实地学门养家的手艺，我为何不教？就当做善事嘛。

男人没念过几年书，却很喜欢看点《百家讲坛》之类的科教类节目，因此，说起话来，也显得彬彬有礼。

男人去过新疆，去过贵州，去过甘肃，跑了大半个中国，最后还是决定在滇南这个小镇扎根生子。

徒弟们都在大酒店里上班，有的甚至去了昆明，去了大理，成了桑拿小老板。偶尔碰上，也仅是寒暄几句。

徒弟们既不会叫他老师，更不会在逢年过节时登门探访。没人会把不起眼的他放在心里。

二十多年的手艺和阅历，对于这些年轻人来说，无疑是一笔宝贵的财富。他们没想过回报这位肯将一切倾囊相授的恩师，男人也没想过要改变自己的处世方式。

"气吗？"搓澡的时候问他。

"不气。"

"为什么？"

"从一开始就没想过要他们回报，怎么会气？"

其实，这才是真正的善良。

# 一颗善心足矣

那年，他只15岁，父亲与人合伙开办不久的工厂不幸倒闭。为了重振家业，他便一个人出外闯荡天下。

似乎上苍特别眷顾他，没几年，他就积累了一定的资本，于是与人合资开了一家肥皂公司。公司经营得还不错。不久，合资人去世，按照遗嘱，那份财产全部转让给了他。

公司为独资企业后，他做的第一件事就是将企业所得十分之一捐给社会。虽说他的企业这几年在逐步扩大，可毕竟从小本做起，实力很一般，基础极不稳定。

他的一这做法在当地引起了极大反响。认为他是自己在拆自己的台，是一种令人匪夷所思的行为。甚至有人怀疑他是在作秀，是另有企图。其实，只是人们不了解他的过去罢了，要是了解了，也就不会存有这种想法了。

那还是1871年，他只有8岁时。一天早晨，他一反常态，赖在床上睡懒觉。妈妈问他是怎么了？他说，反正学校今天不上课。原来学校组织同学们一起到福利院做善事。他知道家中困难，没有开口向妈妈要钱，也就不打算和同学们一道去了。

当妈妈弄清原委后，说："孩子，你怎么能这样说呢？"妈妈随即又问他，"你有一双手吗？"他点了点头。"这不就对了！你可以用你的手帮那些孤寡老人整理被子、房间不也是在做善事吗？你要是说你太小，没有力气，那么你会笑吗？对那些人笑一笑，让人得到你阳光般笑靥的温暖，你也是在做善事呵！"妈妈看他的眼睛在发亮，又说，"一个人做善事是不受条件限制的，问题是你想不想做！"

"妈妈，我明白了，什么时候都是可以做善事的，只要有一颗善良的心就够了。"他边起床边说。

打那以后，他就特别热衷于做善事。在他第一次走出家门打工的那段时间里，尽管收入微薄，每周他都会到教堂去做礼拜，并且将那一周收入的十分之一塞进教会的捐助箱里。有意思的是，他这样做并没有让自己变得更穷，反而让他拥有自己的企业了。

事情就是出乎一般人的意料，在他捐出自己企业的十分之一的收入后，他的企业奇迹般地壮大起来。随后，他的捐助从收入的十分之一到十分之二，以至于十分之五、十分之六……

因为在人们知道了他没有作秀没有任何不良的企图后，也就开始被他的那颗善良的心感动了，人们纷纷前去购买他的产品。倒是他不知道怎样应对这种状况了，每次到教堂去祈祷时，他总要说："主啊！人们赐予我的福太多了，请告诉我，我怎样才能更好地去偿还人们的恩德呢？"

他就是出身于英国，后来跟随父母由英国迁往美国的威廉·高露洁。1857年，威廉? 高露洁因病去世，继任者将他创办的公司以他的名字命名，即更名为高露洁公司。后又与棕榄公司合并，成立了高露洁——棕榄公司。

威廉·高露洁虽去世了，可公司一直秉承着"以善良之心回报社会"的企业理念。如1994年，高露洁——棕榄公司与世界卫生组织签订了一项协议，即旨在全球80多个国家开展名为"灿烂微笑，美好将来"的口腔健康教育活动，每年约有5000万儿童受益。

目前，公司的高露洁牙膏已成功进入世界品牌500强，年销售量占全球同类产品销售总量的40%以上，覆盖全世界218个国家和地区。

威廉·高露洁的故事告诉我们，善在心中，而心中的善良是一个人最大的福田。

# 道一声后悔

　　一个人在同这个世界告别的时候，一定会对自己的人生做一些思考，他要么欣慰，要么后悔。

　　平凡人的这些思考应该具有非凡的价值和意义，却往往鲜为人知。相对于高不可攀的伟人，这些平凡人对人生的最后反思更容易启迪后人，让我们引以为鉴。在日本，有一位年轻的临终关怀护士大津秀一，在服务病人的时候，以一颗慈悲心，做了1000多名临终者表达人生遗憾的倾听者、见证者和记录者，撰写了一本珍贵的书籍《临终前会后悔的25件事》。

　　这些让临终者最后悔的事情没有一件是轰轰烈烈的大事，即使是没有实现的事情，临终者也没有一个把它们设想得多么冠冕堂皇，反而显得极其细小实在，犹如生命中的毛细血管，犹如心脏的一次不被关注的搏动。例如，有的最后悔"没有享受过美食"，有的最后悔"没有戒烟"，有的最后悔"没有对深爱的人说声'谢谢'"等。临终者在生命的最后时刻反思到这些"细枝末节"，意味着生命的本质在于平凡和普通，一个人在一生中错过了平凡和普通，就会过得不真实、不饱满、不丰富，缺少本应该具有的价值和意义，不把平凡和普通朝实在处过，朝真的、善的和美的方向发展，即等于错过了美好幸福的人生，辜负了独一无二、唯一的一次生命。

　　这种在活着的人看来完全是"不值一提的小事"，竟在临终者心里刮起了反思的风暴，带来了最纯粹、最善良又最难以释怀的后悔，确实值得一心追求"人上人""卓越不凡""大富大贵"的人去重新思考人生。

　　《临终前会后悔的25件事》，从内容上看，主要是关于个人修养、人际交往、爱情婚姻、工作休闲、身心健康、梦想理想、精神信仰等方面的。例如，有的最后悔"过于相信自己"，有的最后悔"做过对不起良心的事"，有的最后悔"没有谈一场永存记忆的恋爱"，有的最后悔"大部分时间都用来工作"，有的最后悔"没有注意身体健康"，有的最后悔"没有回到故乡"，有的最后悔"没有看透生死"等。可以看出，临终者在最后思考人生时，很少纠葛在物质的贫富多寡、功名利禄的占有与否和个人的恩怨情仇上，他们不再患得患失，不再怨天尤人，不再自私自大，摆脱了物欲的控制，明了了"生不带来，死不带走"的道理，变得清澈、纯真、宽容、友善和觉悟，也许有的人活得不够正确，却死亡得正确，可谓朝闻夕死，死得其所。

更难得的是很多临终者纯粹在精神信仰上做了最后的思考，在人生的道路上艰难地走了一圈，最终还是回到心灵上，回到精神上，得到了生命最后一刻的解放、自由和安宁。有的临终者最后悔"没有信仰"，在生命的最后时刻终于明白"虽然很多人没有信仰一样活得很好，但是有信仰的人，会更透彻地懂得人生的意义。尤其在面对困苦、无助的时候，信仰更可以成为一种强大的治愈力量"。而有的临终者最后悔"没有留下自己生存过的证据"，这种证据在他们看来绝不是你争我夺得到手的种种物质："很多人觉得房子、财产就是生存的证据，其实不对。既然在这个世界上走过，总该有些精神食粮留给后人。"看来，一个人走到最后，最愿意的还是靠"精神证据"造福后人，并被留名和怀念。

一个人的生存和发展、幸福和快乐确实离不开物质基础，错误的人生只不过是让物质凌驾于一切，迷失了生活的真谛。这种人可以为了物质而不择手段，为了名利而伤害他人，变得浑浊、复杂、狭隘、凶暴和无知无觉，甚至到生命的最后也忽略心灵、看轻精神，既认不清活着的意义，也死得毫无后悔之心，看似圆满，其实在生之时已经亏欠多多，遭受了心灵空虚、精神枯萎的折磨和惩罚，是生时已有报应，而不是死时竟也成了"漏网之鱼"。

最让人欣慰、最叫人对未来恢复信心的，难道不是有那么多人在反思人生时能够真心实意、细致入微地对自己、对他人、对自然说一声抱歉，道一声后悔吗？

# 一场励志逃亡

　　一切都源于那场不期而至的春雨。

　　那天早上，一夜小雨还未停歇，我迫不及待地背上相机赶往河边。河边的梨花开了，应该有"梨花一枝春带雨"的风姿；河连的柳叶长了，应该有"染柳烟浓"的韵致；我还要拍河边三叶草上晶莹剔透的水珠，我还要拍蒙蒙烟雨中那些撑着伞的钓客。然而，当我目睹了小河汊里那惊心动魄的一幕，所有的拍摄计划都被抛在脑后了。

　　小河汊宽四五米，水少的时候，人们可以踏着河里的石块到河心的小岛上去，这里成了无数钓客前往河心岛的必要之地。想不到，即使在这样春雨迷蒙的日子，还会有生命的大悲剧发生——在河汊浅浅的泥滩上，数十条小渔搁浅了。春潮带雨，水量激增，它们也许是随着上游来水懵懵懂懂地闯到了这里，令它们始料未及的是，也许是由于下游开闸放水，水位迅速下降，它们还来不及反应，就突然陷入了危险的境地。意外的裸露，让它们猝不及防，它们横七竖八地在这一片滩涂中绝望地拍打着身子，灰色的鱼背，白色的鱼肚，像一群被抛弃的战士。我仿佛听到它们悲愤而无助的叫喊声。我想起庄子笔下的涸辙之鲋。此时此刻，它们的处境似乎比涸辙之鲋强不了多少。那边，一个钓鱼人已经发现了这一奇景，正在用手机召唤他的同伴前来捞鱼——或者说"捡鱼"。

　　事情总有意外，也许是上天的安排，在这绝望部落的身后，我看到了更扣人心弦的一幕。一大一小两条鱼，不知如何挣扎到了可以游动的浅水中，它们正在奋力向上游游去。大鱼长不足半尺，小鱼比它短一寸。前后相随，形影不离，犹如两只游动的音符。河汊里原本就有孩子们涉水过河时留下的深深浅浅的脚窝，脚窝里河水相对深些，那里正好成了它们短暂的避难所。在所有的鱼随着惯性努力向前，试图游过前边的滩涂之时，它们——或者说那条稍大一点的鱼却选择了"倒行逆施"。据说，上耳其有个牧羊人，因为领头羊跌入山谷，所有的羊随后跟进，令他一举损失了上千头羊。我不敢想象山谷中堆满了羊的尸体是怎样一种景观。有时候，随大流是要吃亏的，甚至会以付出生命为代价。

两条跟大部队背道而驰的鱼儿在浅浅的河滩上苦苦寻找锭出通道。"我揪着一颗心"，苍天作证，此刻我只为这两条鱼祈祷，河汊里水深不及拳，浅不盈寸，它们就在这深深浅浅的迷宫一样的河沟里，艰难地探索着逃生的出口，水浅的地方，大鱼会露出背鳍，更浅的地方，大鱼只好仄着身子露出白白的肚皮扑棱棱的游过去——你也许从未见过一条鱼会以这样的泳姿在河道中奔路而逃——好在它总能游过去。我想起了子路死必正冠的故事，生死关头，保命要紧，你管那帽子戴得正不正干什么？幸运的是，小鱼不必如此，它紧紧跟在大鱼身后，它游得小心翼翼但姿态优雅。有人说，成功源于模仿，小鱼为我们做出了样子。

终于，它们游进了靠近主河道的地方，那里水深，它们再也不必担心遭遇那些可怕的泥泞了，它们终于告别了死亡的威胁。什么叫绝处逢生，什么叫永不放弃，什么叫"心若在梦就在"……那一刻，我分明听到了欢呼声，我知道，那声音发自我的心底。

你一定跟我一样，以为故事就到此结束了，谁说的，生活就是一个惊喜接着一个惊喜。尾声也许比高潮更耐人寻味。一到水深些的地方，小鱼迅速超越大鱼，它以极限速度冲进了大河，瞬间消失了。再看大鱼，也许是刚才的艰难跋涉让它心有余悸，它在深水区依然显迟疑，在我看来，它完全可以"放手一游"，可是它没有，在犹豫了十几秒之后，它才确定自己已经安全了，它才加快了游速冲进大河。谨慎是必不可少的，但有时候，过度谨慎也许会错失良机。成功源于模仿，成功止于超越，在我看来，也许小鱼才是这出生死大戏的真正主角。

在那一刻，"梨花一枝春带雨"也罢，"染柳烟浓"也罢，三叶草也罢，钓客也罢，对我来说，都已经不重要了，重要的是，我见证了一个伟大的时刻。从亦步亦趋到相忘于江湖，没有人知道，在这个早上，两条鱼为我，为一个人，演出了一场生死逃亡的励志大片。

我，这个背着相机的人，自始至终屏住呼吸，忘记了按动快门。没关系，这个惊心动魄的瞬间会长久地沉淀在我心深处，成为记忆中永恒的底片。

# 狼的世界

　　大地与天际的缝隙中，有一团像乌云一样的黑点。那，是狼。

　　它们有血一般的眼睛，它们有鹰一样的速度，它们是草原上的王者，它们的名字叫苍狼。

　　那是两只刚刚成年的苍狼，毛发黑而浓，步子敏捷，一副雄姿英发的样子，正如同少年时的青春年华。但，日渐退化，日渐荒芜的草原上，为了生存，它们前所未有地冷血。

　　三米远的地方对立着一只母苍狼，它异常高大，应该是只苍狼王的配偶。身边有三只不听话的幼崽，从洞穴里慢慢挪出来。

　　面对这对于家的威胁，苍狼王呢？

　　狼的世界里，到处充满杀机，没有谁能选择自己的命运，时刻都准备着死亡，没有王真正存在，只有使自己变强，才能更好地活着！

　　在这样明争暗斗的乱世，也许在哪棵不为人知的苍木下，掩埋着苍狼王的尸体。

　　三只苍狼对峙着，凶相毕露，露出血淋淋的獠牙，口水不停地往外流。时不时对天长嗥，寒气逼人。

　　那只母苍狼低下头，示意幼崽们躲进洞里，别出来。然而就在这时，其中一只苍狼猛地向它扑来，嘴巴一口咬住母苍狼的头盖骨，用力撕扯下一块血肉模糊的毛皮。母狼因为疼痛，把紧紧抓在自己头上的苍狼用力摔了出去，那只苍狼直飞出五米，同时摔出来的鲜血溅在身上，又一阵得意地嗥叫。

　　母狼怒火冲天，杀红了眼，飞快地扑过去，与那头苍狼厮打成一团，身边的野草被无情地连根拔起，扬起沉默的沙土，恼怒地刺进它们的眼里，鲜血伴随着母爱的泪水淋漓飞出。周围充满了阴森与死亡的气息。

　　三只幼崽无知地望着这片残忍，不懂什么叫母爱，在生的边缘徘徊之后不顾一切地冲出来向没有希望却有妈妈的黑暗中跑去，但另一只年轻的苍狼直接斩断了幼崽的去路，硕长的獠牙似冷剑般刺穿它们的心肺，从它嘴里带着鲜血被摔出，重重地摔在地上。在追求爱的途中它们忽略了生命的存在，命运把它们溢出的最后一滴泪停滞在脸上，带着对这个世界的眷恋与贪婪遗憾长眠。

　　母狼还在和那只苍狼拼死搏斗，它利用高大的身躯，过人的力气，把那只苍狼压倒在地，待它快要挣脱时，母狼挥起锋利的前爪狠狠地刺进它的肚子里，随之刮出藕断丝连的血丝和血肉模糊的五脏六腑。它倒在地上，再也没有爬起来。它死了。

　　母狼转过头，随着一声长嗥，另一只苍狼仓皇逃走，消失在阴暗的山谷中。

　　一场侵略与保卫的战争结束了，侵略者没有得逞，保卫者没有成功。留下的，只有一地的悲。

　　几摊鲜血染红了大地，母苍狼在滂沱大雨中舔舐着自己的幼崽，舔满一地的泪花与痛苦。渐渐僵硬的尸体像在祈求母苍狼，带我们回家吧。

　　凄清的冷风夹杂着雨水，母苍狼凄厉的长嗥了一声离开了。待明年，这里仍将春暖花开，这堆骨骸将会被湮没在这片寂静荒芜的大草原上，不复存在。但它们留下的伤痛要永远留在母苍狼的世界里，挥之不去。

　　人的世界都尽是不公，更何况狼。

　　可能对那只母苍狼来说，活着，就是一桩悲剧。但它仍然会无尽地走下去，直至生命的尽头。

　　它没有退路也没有选择。只有活着。

# 懂得去说不好意思

生活中有一种慌乱就是，你不是一个喜欢金钱和权力的人，可偏偏有一笔钱和一个位置摆在了你面前。

慌是因为不该来的来了，乱是因为不该选择的要做出选择。可怕的是，这金钱和权力，来得很中庸，还不至于颠覆心底的准则和信条。也就是说，水不深，还很难看到其中隐藏的是与非，美与丑，干净和肮脏。

一番慌乱之后，你从了。人生的好多投降，不是你奔得草率，而是它来得模糊，不是被吸引，而是被迷惑。

除非此后你有本质的蜕变，否则，慌乱将成为人生绵延的困境。此前的困难，不过是想着如何接受，而此后的困难，却是想着如何摆脱。

此前不过是心在宕动，之后却是灵魂在沉陷。你会发现，人生最难熬的痛苦，就是你跟本该远离的东西纠缠在了一起。

人一辈子要解决的事情，也许不是该要什么，而是不该要什么。

这个世界，总有一类人，在他们面前，你只好被动或吃亏。最大的特征是：你总是不好意思，而对方从来不不好意思。

你的禁地，是他的坦途；你所敬畏的，是他无所谓的。原本不是一路人，却相逢在一条路上。更可悲的是，你本希望只是擦肩而过，却一转身成了共事的人。

不要因此而埋怨生活。你所要明白的是，生活不可能把所有你喜欢的人都安排到身边来。总要有一两个这样的人，需要你去面对，去周旋。生活交给你厌见的一切，是怕你失去了看清世界的能力。

于不好意思处，依然还要好意思的人，的确有些无聊。而与无聊的人争闲气，是另一种无聊。也就是说，对方不要脸，你不能为他变成二皮脸。

生命的广阔，不是跟合适的人相处得投机，而是与不堪的人周旋得从容。

忙碌的现代社会，一个人，也许没有很大的成就，却一定有很深的疲倦。

疲倦是情趣的大敌。活色生香的日子过到了无生气，大多是败给了连绵的疲倦，就像一道佳肴，败在了力不从心的火候上。

疲倦迁延于心，就会变成愤怒。倘若不能迁怒于他人，就只好折磨自己。

逆风扬尘，尘土只会飞到自己身上。

生活，有时候就是与疲倦的一场战争。你无论挣下多少钱，赢得多少名声，最后，还是要倒在疲倦里。也就是说，外在不尽的风光，都要拿心底无边的疲倦来抵。

给生命以青山绿水，胜过予其功名利禄。尘梦缭绕，终不过是一场烟消云散。活得轻松，才是活得明媚。

合适的表达与合适的沉默，一样重要。

最困难的不是对度的把握，而是对自我语言的节制。这个世界上，可以有沉默的思想者，却难有饶舌的演讲家。

能沉默，人生才会游刃有余。因为，沉默是留白的艺术。一个人，为自己留下的空间越广阔， 就会进退越自由。

没有爆发的沉默，即便有再深刻的思考，也会沦为僵尸的内敛和韬养；同样，没有节制的表达，即便有再丰富的内涵，也会流于鸦雀的聒噪和浅薄。

最好的沉默，会让人从灵魂深处流淌出敬畏和尊重；而最好的表达，会叫人从心底里产生欢喜和仰望。

遇到困难时，人往往会产生一无是处的困窘感和挫败感。

这种感觉袭来，会在心底漫洇一个字：恨。

学业受挫时，恨自己不够聪慧；事业败落时，恨自己无力回天；贫穷难活时，恨自己不够富有；弱小受辱时，恨自己不能将对方掀翻；疾病缠身时，恨自己没有一个健康体魄……恨，是因为自己不够强大。恨到绝望，是因为这种强大看起来遥遥无期。

恨的背后，是否定。一个人，若是遭到别人否定，最多不过是流于自卑；倘若自己否定自己，极易走向自弃。

不能正确地理解生活，就会有命运流离的苍凉感；不能正确地审视自己，就会生一无是处的悲怆感。在困难中厌弃自己，不过是无法完成自我救赎罢了。但这样的危险在于，容易让自轻自贱，成为天经地义。

神通广大的仙人，尚还有无法达到的圆满，遑论凡尘俗世。这个世界，原本就没有无坚不摧的超人，正视自身的渺小和不足，才会有平静之气，平和之气。

不要跟自己较劲，也不要去蔑视自己。因为，一个在心底里蔑视自己的人，最终会被自我的蔑视打垮。